MATHÉMATIQUES, MA CHÈRE TERREUR

ANNE SIETY

MATHÉMATIQUES, MA CHÈRE TERREUR

HACHETTE
Littératures

Collection fondée par Georges Liébert
et dirigée par Joël Roman

Je remercie chaleureusement tous ceux qui,
par leurs remarques, leurs conseils,
leur présence bienveillante,
m'ont accompagnée dans l'écriture de ce livre.

Introduction

L'énigme du « blocage » en mathématiques

Qui n'a jamais connu l'expérience du « blocage » en mathématiques ? Minime (quelques minutes de perplexité au cours de la résolution d'un exercice, « oublis » à répétition...), ou massif (des mois, des années sans rien comprendre au calcul littéral, à la géométrie ou aux fonctions numériques...), le phénomène est saisissant.

Certains élèves finissent par prendre les mathématiques en horreur, mais la plupart n'en restent pas moins intrigués, voire fascinés par cette discipline qui se refuse si mystérieusement à leurs approches. Ils l'aiment et la détestent, y vivent tour à tour, ou simultanément, plaisir et terreur.

À quoi tiennent ces butées énigmatiques ? Pourquoi la pratique des mathématiques suscite-t-elle des émotions si intenses ? Anciens élèves encore échaudés, parents, enseignants s'interrogent sans trêve.

Ce questionnement fait aussi l'objet de la pratique et de la recherche des psychopédagogues, parmi lesquels je me compte. Seuls ou en équipe, dans des écoles, des centres médicaux psychopédagogiques, des hôpitaux de jour ou des universités, ils réfléchissent à la nature des « blocages » scolaires, et tentent d'élaborer une approche des apprentissages qui ferait une place à leurs soubassements psychologiques.

À ce titre, en m'appuyant essentiellement sur mon expérience du travail individuel avec des enfants et des adolescents, j'ai souhaité, dans cet ouvrage, aborder ce que j'ai pu élaborer concernant les difficultés des élèves, et la levée du « blocage ».

D'où viennent les « blocages » ? Pourquoi ne parvient-on pas à comprendre une seule bribe de ce que les autres élèves semblent saisir si naturellement ? Pourquoi les explications de l'enseignant, des amis, parents, professeurs particuliers, ne sont-elles pas suivies d'effet ? Pourquoi une telle angoisse à la vue d'une équation, d'une figure de géométrie, d'une suite numérique ?

Comment peut-on aider un élève « bloqué » en mathématiques ? Par quels moyens est-il possible de le faire évoluer dans ses difficultés ? Comment mettre en place une pratique vivante des mathématiques qui consisterait, non pas à « faire entrer des connaissances dans la tête » d'élèves récalcitrants, mais à débusquer ces connaissances où elles se trouvent déjà, intriquées aux multiples fils de la vie – et prisonnières de ces mêmes filets, enfouies dans le silence ou dans le refus de ce à quoi elles sont accrochées ?

Puis, lorsque la situation se dénoue, que se passe-t-il en profondeur ? Quelles émotions, quels souvenirs anciens, quelles problématiques inconscientes la pratique des mathématiques fait-elle résonner ? Comment les mathématiques manifestent-elles des questions inconscientes non résolues ?

J'espère que ce livre montrera quelles richesses recèlent les mathématiques dès lors qu'on leur permet de rejoindre les sources humaines dont elles sont issues.

I

DOLÉANCES : LES MYTHES MATHÉMATIQUES

« Blocage en mathématiques »... À ces mots s'ouvre un univers de perplexité, d'angoisse, de découragement. Cela dépasse, de loin, la difficulté de compréhension, qui se résout avec un peu de travail et quelques éclaircissements. Ici, l'élève a beau s'acharner, demander des explications, apprendre et réapprendre son cours, rien n'y fait. L'univers des mathématiques lui reste fermé. Ce sont parfois des insomnies, un vécu de panique. Laure, la veille d'un contrôle, y pense avant de s'endormir puis « fait des mathématiques toute la nuit », en dormant.

Ce peut être, aussi, un ennui incoercible, une fatigue, une impossibilité viscérale de s'intéresser. La pensée s'arrête, l'intelligence est inopérante, comme paralysée.

Comment comprendre ce phénomène ? À quoi l'attribuer ?

J'ai posé cette question à des élèves, et anciens élèves, familiers de cette expérience. Je m'attendais à une grande variété de réponses. Le bon sens ne voudrait-il pas que chacun rencontre des obstacles qui lui sont propres ? Autant d'individus, autant d'émotions, de réticences, d'angoisses... Pourtant, les discours convergeaient avec une surprenante régularité. Il était rarement question de problématiques personnelles, du rapport que chacun entretient avec les mathématiques, de la place que celles-ci tiennent dans son histoire. J'entendais essentiellement invoquer le caractère naturellement rébarbatif des mathématiques, la façon dont elles sont enseignées, ainsi que l'absence de quelque chose qui s'apparenterait à la « bosse des mathématiques ».

Ainsi, le blocage s'expliquerait par des causes extérieures, ou du moins par des facteurs sur lesquels l'élève n'a aucune prise. On ne saurait en effet le tenir pour responsable de la nature des mathématiques, pas plus que des compétences des professeurs ou d'un supposé déterminisme génétique ou social qui le priverait du « don » nécessaire.

Il me semble difficile de s'en tenir à ces explications. Si les mathématiques étaient par nature rébarbatives, aucun élève n'aurait jamais pu s'y intéresser, ce qui n'est pas le cas. Par ailleurs, un même enseignant peut échouer dans son travail avec certains de ses élèves et réussir avec d'autres : dès lors, il peut difficilement être considéré comme le seul responsable d'un échec. Quant à la fatalité qui maintiendrait un élève « nul en maths » dans son statut, chacun connaît des récits de réveils soudains, de vocations qui se révèlent brusquement – par exemple lors du passage dans une classe supérieure, ou à l'abord d'une nouvelle notion mathématique. Hervé, élève médiocre en mathématiques au collège, connaît lorsqu'il entre en classe de seconde une véritable illumination qui le conduira jusqu'à l'école Polytechnique.

Ainsi, ces causes extérieures ne sauraient être seules à l'origine des problèmes. D'autres facteurs président nécessairement aux destinées mathématiques : des facteurs qu'on imaginerait volontiers plus personnels, plus profonds. Cela est heureux car, dans le cas contraire, il serait exclu d'aider un élève : ce projet n'aurait aucun sens si, effectivement, les sources de ses difficultés lui étaient totalement étrangères.

Qu'advient-il alors du discours des élèves et anciens élèves « traumathisés[1] » ? Est-on pour autant fondé à en faire table rase, en affirmant que les raisons qu'ils invoquent pour expliquer leur échec paraissent insuffisantes ? Faut-il décréter d'emblée qu'ils sont sans doute impliqués dans leur « blocage » ? Cela les priverait peut-être d'une explication par laquelle leur échec leur devient moins pénible, moins blessant. Il paraît plus judicieux de prêter une oreille attentive à leurs réflexions, qui, nécessairement, ont leur part de vérité. Les mathématiques sont rebutantes... Comment les élèves « traumathisés » l'entendent-ils ? Qu'ont-ils rencontré dans les mathématiques qui les rende si pénibles ? La faute revient aux enseignants... Comment se représentent-ils le personnage du professeur de mathématiques ? En quoi a-t-il échoué dans sa démarche ? Qu'attendaient-ils de lui ? Être « nul » en mathématiques est une fatalité, un avatar auquel certains n'échappent pas... Est-ce si évident ? Qu'est-ce qu'être nul ?

L'écoute des doléances exprimées par les élèves et anciens élèves « bloqués » en mathématiques se révèle ainsi d'une grande richesse. Il en émerge plus que des causes récurrentes : des figures archétypiques, de véritables mythes qui semblent inscrits dans l'inconscient collectif. Plonger dans ces mythes, tenter de les sonder en profondeur, constitue un premier pas. Tout en offrant apparemment à l'élève un bouclier, une protection lui évitant de se mettre en cause dans son propre

1. Je remercie François Déliac, inventeur de ce néologisme sur mesure.

« blocage », ces mythes font entrevoir des sources plus intimes de ce phénomène. Ils suggèrent que la pratique des mathématiques, loin de laisser le sujet indifférent, le met au premier plan, et le sollicite au plus profond de ce qu'il est.

1

« Les mathématiques sont bien inhumaines »

« Les mathématiques sont bien inhumaines,
dit Mme Anglarès. »
Raymond QUENEAU[1]

S'ennuyer en mathématiques

(Les cas s'inspirent de situations réelles. Tous les prénoms ont été modifiés.)

John est assis mollement, casquette rabattue sur les yeux. Son cahier de mathématiques, posé en travers du bureau, reste fermé. John a accepté de venir travailler avec moi, mais en précisant qu'il ne s'intéresse absolument pas aux mathématiques, et qu'il ne compte pas trouver un quelconque plaisir à cette activité. Il veut seulement obtenir des notes suffisantes pour « passer de classe » afin de rester avec ses copains.

Si au moins il manifestait une certaine curiosité, ou encore de l'aversion, une franche agressivité (envers n'importe quoi : les équations à une inconnue, le théorème

1. Raymond Queneau, *Odile*, Gallimard, coll. « L'imaginaire », Paris, 1993.

de Thalès, son professeur, les mathématiques en général...) nous aurions de la matière, nous pourrions discuter, peut-être nous affronter, réfléchir : nous pourrions entrer en relation. Le travail serait dès lors amorcé. Mais là, rien. John reste désarticulé, inerte. Il s'ennuie ostensiblement.

L'attitude de John a quelque chose de profondément irritant. En d'autres temps et d'autres lieux, on aurait parlé de « mauvaise volonté », ou de « fainéantise ». Mais John ne peut réagir autrement : c'est ainsi que se manifeste son « blocage » en mathématiques. Il est comme anéanti, privé de tonus, aussi bien psychiquement que physiquement.

« À quoi ça me servira, plus tard, pour acheter ma baguette de pain, de connaître le théorème de Thalès ? Les mathématiques sont inutiles, elles n'ont aucun rapport avec la vie réelle », dit John. Voilà pourquoi il s'ennuie : il ne se sent pas concerné par les mathématiques. Elles ne rencontrent en rien sa vie – elles ne rencontrent en rien *la vie*. « Les mathématiques sont bien inhumaines... »

Comme chaque fois que j'entends cette remarque (c'est-à-dire très souvent), je suis saisie. J'en oublie même ce dont se plaignent amèrement les parents de John : leur fils, cet adolescent qui souhaite rester au plus près de la « vie réelle », passe le plus clair de son temps rivé à sa console informatique. Cependant, son argument a du poids. Qu'y a-t-il de commun, a priori, entre John et les mathématiques ? À quoi bon apprendre le théorème de Thalès, résoudre des équations du deuxième degré, construire les médianes d'un triangle ? Cela aide-t-il à respirer, à manger, à dormir ? « Les mathématiques sont bien inhumaines... » : Mme Anglarès, le personnage de Raymond Queneau, n'est pas seule de cet avis. « C'est abstrait, désincarné », me dit Isabelle, étudiante en psychologie. Geneviève, assistante sociale, mime de sa main un tourbillon au-dessus de sa tête : ça se passe dans les airs – du pur esprit qui tournerait en rond. Rien d'affectif, de vivant. Du vent.

Le monde des mathématiques serait ainsi radicalement étranger à celui des humains. L'unisson (surtout parmi les adultes, les anciens élèves qui se souviennent) est telle sur ce point qu'on ne songe pas à s'interroger. D'où provient cette impression, ou cette conviction ? Comment rendre compte de ce mythe ? Qu'ont donc les mathématiques, qui les rendrait à ce point inhumaines ?

Cette exploration ne peut manquer de poser des questions. S'agit-il vraiment d'inhumanité ? Ce mythe ne sert-il pas de paravent ? Ne permet-il pas de dissimuler d'autres impressions ?

Dire que « les mathématiques sont inhumaines » revient à se déclarer soi-même étranger aux mathématiques. Le « blocage » n'aurait rien d'un échec, l'élève ne serait pas en cause dans ses difficultés. Simplement, les mathématiques et lui ne seraient pas du même monde. Décrire l'« inhumanité » des mathématiques, ce serait ainsi raconter l'histoire simple d'une rencontre qui n'a pas lieu. Un non-événement.

Non-événement qui, curieusement, fait beaucoup de bruit. Ne pourrait-on soupçonner que les mathématiques, loin d'être inhumaines, soient au contraire humaines à l'excès ? qu'elles touchent intimement celui qui les pratique, faisant vibrer son « humanité » à des niveaux rarement atteints, sollicitant sa sensibilité d'une façon parfois insupportable ? Les « indifférents » aux mathématiques connaissent-ils vraiment des difficultés d'une autre nature que ceux qui clament haut et fort leur allergie à cette discipline, et décrivent à l'envi les cauchemars et l'horreur qu'elle suscite chez eux ? Le manque de tonus que manifeste John, son épuisement, relèvent-ils de l'ennui, de l'indifférence, ou d'une angoisse si forte qu'elle le prive d'énergie ?

Est-il exact que la rencontre avec les mathématiques n'a pas lieu ? Ou se produit-elle d'autant plus violemment qu'elle est niée ? Les mathématiques sont-elles inhumaines, ou trop humaines ? La question arrive ici prématurément. Il paraît impossible de s'aventurer dans cette réflexion avant d'avoir exploré les doléances des « traumathisés » – en particulier les raisons pour lesquelles ils considèrent les mathématiques comme inhumaines.

Une discipline désincarnée

Au premier plan de ces doléances figure l'idée selon laquelle les mathématiques sont *abstraites*. Dans la bouche des personnes ayant eu maille à partir avec cette discipline, il ne s'agit pas d'une observation neutre, de la description d'un mode particulier de réflexion reposant sur la mise en relation de différents concepts. Il n'est pas question ici du bonheur de prendre son envol dans un univers libéré de toute contingence matérielle, de toute pesanteur, et ouvert par là même à des possibilités infiniment variées. Il s'agit d'un portrait en creux, désignant une lacune des mathématiques : on leur reproche de s'être séparées sans retour du concret.

Concret : qu'entend-on par là ? Sont concrets les objets de la vie quotidienne – des cailloux, une table... –, tout ce qui a une consistance, un poids, un volume : ce qui se perçoit par les sens. Sont encore acceptés dans cette catégorie les phénomènes qui font intervenir ces objets : chute d'une feuille, collision entre deux solides, vente ou achat d'un article... Nombre d'élèves vivent l'abstraction mathématique comme une frustration : en fonctionnant sans recours au « concret », elle les prive de ce qui, dans leur vie, constitue un point de repère fondamental.

Bien que l'abstraction soit omniprésente en mathématiques, deux de ses manifestations (en géométrie, et dans le calcul littéral) permettent de mieux comprendre les réticences qu'elle éveille, et éclairent le reproche suivant lequel elle rendrait cette discipline « inhumaine ».

GÉOMÉTRIE : LE FAUX AMI

On pourrait imaginer que les adeptes du « concret » éprouvent un grand soulagement lorsqu'ils font de la géométrie – domaine qui, a priori, fait intervenir les sens. Il leur permet de représenter, de rendre visible l'énoncé grâce au dessin qu'ils réalisent, le rattachant ainsi à un vécu quotidien. Ils voient le triangle rectangle, isocèle ou équilatéral, le segment et sa médiatrice, le cercle circonscrit... Ils peuvent en suivre le contour du bout du doigt, faire apparaître en couleur les différents éléments de la figure, ou même les découper.

Pourtant, les détracteurs de l'abstraction mathématiques sont rarement à l'aise en géométrie, domaine dans lequel ils se sentent floués. La géométrie constitue en effet pour eux un « faux ami ». Confrontés à un énoncé, ils se livrent d'abord au plaisir de la représentation, tracent avec application droites et cercles, et les appréhendent avec soulagement. Mais bien vite, ils constatent que le dessin est d'un usage ardu, à la fois utile et encombrant. Il éclaire autant qu'il égare : c'est un appui, mais aussi un leurre.

Ainsi Nicolas, treize ans, doit démontrer qu'un triangle ABC est isocèle. Il le trace alors en suivant les instructions de l'énoncé, puis dégaine son double décimètre.

Cet instrument revêt pour Nicolas une importance considérable. Il me tient scrupuleusement au courant des différentes péripéties au cours desquelles il perd, retrouve, prête, récupère, manque de casser cet objet qui tient plus de l'épée que de l'ustensile mathématique. Pour d'autres élèves, c'est la calculette qui joue ce rôle. La sortir du cartable, y tapoter un quelconque calcul (souvent hors de propos) est un geste à la charge affective intense. La règle de Nicolas, comme chez d'autres la calculette, constitue une sorte de fétiche – aussi bien un rempart contre l'angoisse qu'un instrument procurant force et puissance.

Nicolas mesure les trois côtés du triangle, et annonce : « BC = 5 cm, AB = 3 cm, AC = 3 cm. Le triangle ABC est donc isocèle : on le voit sur le dessin ! » La preuve qu'il avance lui semble irréfutable – et en effet, la sanction de la règle est sans appel : deux des côtés du triangle sont de longueurs égales.

Nicolas montre ainsi qu'il connaît son cours. Il a compris ce qu'est un triangle isocèle. Malheureusement, il s'agit seulement d'une description. Nicolas n'a rien démontré. Il a seulement produit, au moyen d'un instrument imparfait, et utilisé avec une certaine marge d'erreur, les mesures approximatives d'une figure qui ne l'est pas moins. Qui nous dit que AB ne mesure pas, en réalité, un millimètre de plus ou de moins ? Dans ce cas, malgré la faible différence entre les longueurs des deux côtés, on n'aurait plus affaire à un triangle isocèle.

De plus, même en imaginant que le dessin soit parfait, et précisément mesuré, il ne s'agit que d'un cas particulier : pour établir la preuve que ce fameux triangle est isocèle, il faudrait encore tracer tous les triangles qui satisferaient aux conditions de l'exercice. On ne recherche pas un résultat concernant le triangle qu'on a sous les yeux : celui-ci est peut-être isocèle par accident, à cause d'un choix particulier du dessin, et non à cause des caractéristiques qui lui ont été attribuées dans l'énoncé.

La jubilation de Nicolas fait place à la consternation. Le dessin lui a procuré une fausse joie, un soulagement trompeur. Il a cru trouver dans cette image une bouée à laquelle se raccrocher : mais plus il s'agrippe à cette bouée – à cette représentation particulière du problème –, moins il est en mesure de s'en éloigner pour accéder à l'idée du « cas général » qui mène à la démarche de la démonstration.

Un exercice de géométrie porte, en effet, non sur la figure tracée par l'élève, mais sur toute figure qui vérifierait les instructions fournies par l'énoncé. Ainsi, son objet n'est pas une véritable figure, réalisable, visible, mais l'idée, par essence parfaite, de cette figure. Le dessin n'est rien par lui-même ; il n'est qu'un ambassadeur : la représentation – forcément approximative, caricaturale – de cette idée, son ombre projetée sur la paroi d'une caverne. En mesurant le triangle qu'il a sous les yeux, Nicolas prend l'ombre pour la proie.

La géométrie génère ainsi de cruelles désillusions. Elle semble au premier abord faire figure d'exception dans les mathématiques, et instille chez l'élève en difficulté l'espoir d'un travail concret, tangible, d'un arrimage à la matière. Mais c'est pour lui donner dans un second temps l'impression du coup de grâce, d'un arrachement brutal à ces repères sensibles. Elle paraît alors porter aux nues l'inhumain : l'immatériel et la perfection.

On entend bien ce cri de détresse. Mais provient-il réellement de la nature des mathématiques ? Le dessin existe, visible et presque palpable, bien concret. S'il ne livre pas directement la démonstration attendue, il constitue cependant comme un résumé de l'énoncé, un condensé de ses différentes instructions. Il permet de les appréhender simultanément, de faire des rapprochements, des combinaisons entre des données apparemment sans rapport entre elles. Il propose un support à la réflexion. La souffrance de Nicolas, sa désillusion ne tient-elle pas à la façon dont il investit ce dessin ? Il s'y accroche littéralement, se privant ainsi de toute mobilité. Ne pourrait-il plutôt le prendre comme un appui à partir duquel il trouverait une impulsion ? Un support qui, par sa fixité, autoriserait une liberté de pensée – pensée rendue d'autant plus légère qu'elle pourrait, en cas de doute, retourner à ce point de repère inamovible ?

ALGÈBRE ET ABSTRACTION

Le calcul littéral produit un choc du même ordre que la géométrie. Jusqu'en classe de sixième, les élèves utilisent de « vrais » nombres qui, s'ils ne sont pas trop élevés, peuvent les renvoyer à des quantités familières et concerner des objets courants (trois pommes, douze billes...). Mais en cinquième, ils sont tenus d'adapter les mêmes opérations, jusque-là amies, à des lettres. Combien font $a + b$? $a \times b$?

Certains élèves, bien qu'ils parviennent à poursuivre, cahin-caha, leur chemin dans la scolarité mathématique, et abordent des notions apparemment plus ardues, ne s'en sont pourtant jamais remis.

Ainsi, Pauline, en terminale ES, écrit au cours d'un exercice sur les « puissances[1] » l'égalité suivante : « $ab^2 = a^2b^2$ ».

1. Élever un nombre α à la « puissance » n signifie qu'on multiplie α par lui-même, dans un produit où il figure n fois. Ainsi, $\alpha^5 = \alpha \times \alpha \times \alpha \times \alpha \times \alpha$.

Une puissance porte sur le nombre qui se trouve immédiatement à sa gauche : $abc^3 = abccc$.

Si, immédiatement à sa gauche, se trouve une expression entre parenthèses, la puissance porte sur toute cette expression : $(abc)^3 = abc \times abc \times abc$.

Cette égalité est fausse. Lorsque je lui demande de détailler chacune de ces expressions, Pauline est en mesure de rectifier son erreur. Elle sait que, par une convention d'écriture, ab^2 signifie $a \times b \times b$, alors que $a^2b^2 = a \times a \times b \times b$. Elle sait aussi que l'égalité qu'elle a écrite serait juste si on regroupait ab dans une parenthèse : $(ab)^2 = ab \times ab = a \times a \times b \times b = a^2b^2$, car dans ce cas, le carré porte non pas sur le b seulement, mais sur l'ensemble de la parenthèse.

Contrairement à ce que cette fausse égalité me laissait supposer, Pauline jongle avec les puissances. Comment, alors, comprendre cette erreur ?

Pauline ne manifeste aucune envie de creuser cette question, et élude le problème : « C'est une faute d'inattention ! ». Mais elle ajoute : « D'ailleurs, je fais tout le temps la même ! » L'erreur apparaît dès lors énigmatique, et digne d'intérêt. Pourquoi revient-elle systématiquement ? Nous décidons d'en rechercher l'origine.

Pauline, après un temps de réflexion, me demande, en s'excusant de ce que sa question « n'a pas vraiment de sens » : « Combien font $a \times b$? ». Elle m'explique que lorsqu'elle lit l'expression « ab^2 », ce n'est pas le carré qui attire d'abord son attention. Il ne l'inquiète pas particulièrement. L'urgent, pour elle, est d'« effectuer la multiplication $a \times b$ », comme s'il s'agissait de « vrais » nombres.

Sa préoccupation évoque la dynamique proposée à l'école primaire, où une « opération » ne suffit pas à représenter un nombre tant que son résultat n'est pas divulgué. Par exemple, l'écriture « 7×5 » ne vaut rien en elle-même : elle n'est que la formulation d'une question, dont la réponse est 35. Dans cet exercice, Pauline procède ainsi avec le produit $a \times b$: c'est l'ensemble de cette expression qu'elle prend en considération – comme si elle l'« effectuait » – pour, seulement ensuite, faire intervenir la puissance.

Ainsi, contrairement aux apparences, la difficulté de Pauline ne concerne pas le chapitre des puissances, et un travail sur ces dernières ne serait pour elle d'aucun secours. Son problème porte sur un apprentissage nettement antérieur : celui du calcul littéral.

Pauline donne l'impression d'avoir dépassé ce stade. Depuis longtemps, elle compose avec cette pratique, et semble en avoir pris son parti. Mais en profondeur, elle ne l'a pas vraiment acceptée. Elle n'a jamais cessé d'être troublée par l'idée d'une multiplication entre deux lettres ; elle ne peut s'en tenir à cette écriture : un mouvement intérieur la pousse toujours à rechercher le « résultat ». C'est cette impulsion qui produit les « erreurs d'inattention » à répétition. La difficulté s'était enkystée, si bien qu'elle n'était plus perceptible pour Pauline : il aura fallu cette petite entreprise d'archéologie pour la faire émerger.

Le mouvement par lequel le calcul littéral éloigne de la « vie réelle », en supprimant la référence aux « vrais nombres », n'est en fait que le prolongement d'une démarche initiée beaucoup plus tôt : la notion même de nombre est une abstraction qui, de trois pommes, trois tartes, ou trois billes, extrait l'idée du trois – trois, dans l'absolu : non trois choses, mais trois rien du tout, trois tout court.

Nul mieux que Proust ne rend compte de ce phénomène : « [...] quand nous réclamons quelque chose de cette personne, nous recevons d'elle une lettre où même de la personne il reste très peu, comme dans les lettres de l'algèbre il ne reste plus la détermination des chiffres de l'arithmétique, lesquels déjà ne contiennent plus les qualités des fruits ou des fleurs additionnés[1] ».

---

1. Marcel Proust, *La Prisonnière*, Robert Laffont, coll. « Bouquins », Paris, 1996, p. 370.

DES ENSEIGNANTS FANTÔMES

« Une lettre où même de la personne il reste très peu... » L'observation à laquelle se livre Proust nous aiguille peut-être sur la voie de cet essentiel dont les mathématiques feraient abstraction. Ce qui est perdu dans les lettres du calcul littéral, dans l'abstrait des mathématiques, est plus qu'un quelconque objet de la vie courante, plus qu'un fruit ou une fleur ; ce serait la personne humaine ou peut-être le « concret » qui la caractérise : le corps humain.

De fait, les détracteurs de l'abstraction des mathématiques – comme Isabelle, citée plus haut – associent régulièrement à cette notion l'idée d'une discipline « désincarnée ». Dire que les mathématiques sont abstraites reviendrait, en dernière instance, à les déclarer radicalement étrangères au corps humain.

La figure, mi-comique, mi-tragique, du savant Cosinus[1] est exemplaire à cet égard. Celui-ci mène une vie rigoureusement mathématique – à savoir hors de tout sens humain. Sa distraction est légendaire : « Il ne manquait jamais, lorsqu'il faisait son cours d'astronomie théorique à l'École des tabacs et télégraphes, de prendre son mouchoir pour le torchon, et réciproquement. » Le dessin de Christophe le montre se plongeant le nez dans un vieux chiffon poussiéreux et déchiqueté, tandis qu'il efface le tableau de son grand mouchoir à carreaux.

Cette distraction dépasse le simple travers, et témoigne de sa complète incapacité à respecter son corps. Plus qu'irrespectueux, Cosinus paraît insensible : son corps ne lui fournit aucun indice de sa méprise. Il est

1. Christophe, *L'Idée fixe du savant Cosinus*, Armand Colin, Paris, 1965.

même surprenant qu'il songe à se moucher (on imagine que, par automatisme, il se plie à l'une des règles d'hygiène qui lui ont été inculquées durant son enfance). Le tableau noir ne lui semble pas moins digne de soin que sa propre personne. Son étrangeté, l'ignorance complète dans laquelle il se tient de son sort d'humain sont telles que la mort même ne saurait l'atteindre. Ainsi, un couteau enfoncé dans son sein par l'agent Mitouflet – qui « profite astucieusement du sommeil dans lequel Cosinus est plongé pour explorer [ses] profondeurs abdominales » – ne lui cause « aucune douleur », et ne met en rien sa vie en péril.

J'ai demandé à des élèves, et d'anciens élèves, de décrire la façon dont ils se représentent le personnage du professeur de mathématiques typique. À les entendre, on croirait certains collèges et lycées peuplés de clones du savant Cosinus. Pour Irma (cinquante ans), un enseignant en mathématiques est « perdu dans ses abstractions. Il n'est pas dans la réalité ». Il est nécessairement « longiligne, maigre et noueux ; il porte des lunettes et son regard est perdu dans des horizons lointains. Frileux, il est toujours trop couvert pour la saison ». Jeanne (vingt-sept ans) évoque une femme à « l'aspect très nature, sans coquetterie, un goût pour l'abstrait et une absence de sensualité ». Olivier, musicien, évoquant un jour une femme qu'il trouvait « froide, carrée, tranchante », ajouta : « Une vraie prof de maths ! »

Nombre de descriptions ou de rêveries font ainsi apparaître un être dont le corps est peu investi, que ce soit esthétiquement (absence de coquetterie), ou du point de vue des émotions : il ignore le plaisir (froideur, absence de sensualité), et jusqu'aux sensations de base (agressé par le froid, l'enseignant ne le ressent pas à sa juste mesure). Il est mal nourri, maigre et noueux.

La réputation d'inhumanité des mathématiques se précise ici : les réticences exprimées dépassent de beaucoup la question de l'abstraction, et ouvrent sur des fantasmes plus complexes. Faire des mathématiques, ce ne serait pas seulement renoncer à des éléments concrets, perceptibles, mais peut-être aussi s'exposer à une dématérialisation du corps. Celui-ci serait nié, rayé de l'économie psychique du « sujet mathématisant. »

Cette éviction ne va pas sans intriguer : par son caractère excessif, ne place-t-elle pas au contraire la question du corps au premier plan du vécu mathématique ?

Une discipline sans mots

Si les mathématiques sont abstraites, immatérielles, si elles sont l'affaire de fantoches désincarnés, un autre avatar s'ensuit inéluctablement : comment espérer que ces fantoches donnent de la voix, parlent, s'expriment au moyen de mots, de paroles humaines ?

« Ma prof, c'est une vraie prof de maths. Elle ne dit pas grand-chose, elle est très chiffre-chiffre. » C'est ainsi que Laure, en classe de quatrième, justifie sa réticence à parler lorsqu'elle fait des mathématiques. Il lui est très difficile de commenter l'exercice auquel elle s'applique, d'expliquer son raisonnement, ou de décrire ses difficultés – non qu'elle ait le moindre mal à s'exprimer d'une façon générale, mais mathématiques et parole lui semblent par essence incompatibles. C'est ainsi que les équations, justes ou fausses, s'empilent dans le silence jusqu'à la dernière ligne : x =... Laure me montre son cahier. L'exercice est terminé. Aucune parole n'a été émise. Le discours n'avait pas sa place.

Pour nombre d'élèves, faire des mathématiques, c'est rester muet. Les mots n'ont rien à y voir ; ils ne peuvent qu'en éloigner. S'il est vrai que l'homme est un être de parole, les mathématiques auraient ceci d'inhumain qu'elles se développeraient sans demander l'usage d'un seul mot. Parler, commenter, expliquer seraient des tentatives superflues, inélégantes, tout au plus dignes de dilettantes endurcis.

On est « littéraire » ou « scientifique », un choix s'impose : l'alternative est sans appel. Ainsi, la vocation scientifique du savant Cosinus lui barre tout accès vers les lettres : « *"Sic itur ad astra"*, lui disait chaque année l'homme éminent qui présidait la distribution solennelle des prix. – "Oui, m'sieur", répondait Zéphyrin qui, épris de sciences exactes, n'avait rien compris à cette citation littéraire[1]. »

Cette réputation d'incompatibilité entre mathématiques et mots contribue parfois au rejet du calcul littéral : « Les calculs se font avec des nombres, les lettres n'ont rien à y faire ! Les lettres, c'est pour le français ! » C'est ainsi que les a, b, ou x assaisonnés de nombres et d'opérations mathématiques rencontrent perplexité et désapprobation chez de nombreux élèves. Ils ont l'impression qu'on leur joue là un tour pendable, et y perdent leur latin. Certains datent de ce moment leur « décrochage ». « Quand j'étais jeune, me dit Bertrand, garagiste, j'étais très fort en mathématiques. Je savais toutes mes tables de multiplication jusqu'à dix-sept ! Mais quand il y a eu des lettres dans les calculs, je n'ai plus rien compris et j'ai laissé tomber. Ce n'étaient plus des mathématiques. »

1. *L'Idée fixe du savant Cosinus*, *op. cit.*, p. 14.

Ainsi, les mathématiques seraient affaire de chiffre – par opposition à la lettre. Rien ne surprend, de prime abord, dans cette proposition mille fois entendue. Pourtant, si l'on veut bien lui prêter l'oreille, elle nous renseigne plus qu'il n'y paraît. *Le Petit Robert* indique au mot « chiffre » une double étymologie. La plus récente date du XVe siècle : il s'agit d'une écriture secrète. La seconde vient du latin médiéval *cifra* et signifie « zéro », de l'arabe *sifr*, « vide ».

Chacune de ces étymologies nous invite à réfléchir plus avant au mode sur lequel la parole est réputée absente des mathématiques.

DES HIÉROGLYPHES

Vient d'abord l'idée d'un langage codé. « Écrire en chiffres », précise encore *Le Petit Robert*, s'oppose à écrire « en clair ». Le chiffre est le « bureau civil ou militaire où l'on chiffre et déchiffre les dépêches secrètes ». Les mathématiques, domaine du chiffre, ne seraient pas hors de la parole, mais dans une parole différente, codée. Elles relèveraient d'un langage réservé à une minorité, conservant jalousement le secret de sa traduction.

Un épisode de ma scolarité me semble éloquent de ce point de vue. Lorsque j'étais en classe de première, le professeur de mathématiques, M. Potry, s'est livré à un petit morceau de bravoure particulièrement impressionnant, faisant vivre à sa classe stupéfaite un moment de fantasme partagé. Alors qu'il voguait dans le chapitre des fonctions numériques, et abordait la question de leur continuité, il nous regarda sans mot dire puis inscrivit sur le tableau la définition de la continuité d'une fonction f en x_0 :

$$\forall \varepsilon > 0, \exists \alpha > 0 \,/\, \forall x \in Df,\ |x - x_0| < \alpha \Rightarrow |f(x) - f(x_0)| < \varepsilon$$

Un silence consterné accueillit cet alignement de hiéroglyphes. Je ne pense pas que nous ayons ressenti d'angoisse : nous n'étions pas en état de penser, nous étions sidérés. La scène produisait un effet d'exotisme intense : M. Potry nous avait plongés soudain dans les pyramides d'Égypte, longtemps avant l'époque de Champollion.

Cette expérience, ou ce fantasme, semble plus répandue que je ne l'imaginais : plusieurs mois après avoir écrit ceci, j'ai vu par hasard un dessin animé dans lequel un personnage faisait un cauchemar. Il se retrouvait dans un amphithéâtre d'université au beau milieu d'un exposé auquel il ne comprenait rien ; se renseignant auprès d'un étudiant, il apprenait, effaré, qu'il s'agissait d'un cours de mathématiques égyptiennes... en hiéroglyphes !

Notre professeur ne nous laissa que peu de temps au contact de cette étrange formule, et vint rapidement soulager notre trouble. Ayant achevé sa ligne d'écriture, il se tourna vers nous, souriant, et nous dit bientôt, non sans une certaine émotion : « Moi aussi, la première fois que j'ai vu ça, je faisais cette tête-là ! » Et il entreprit de nous expliquer, signe après signe, le sens de cette expression.

Cette scène frappante tranchait avec le déroulement habituel des cours. Que se passait-il ? Que nous voulait M. Potry ?

Manifestement, la découverte de cet alignement de signes mathématiques tenait une place importante dans son histoire personnelle : « Moi aussi, je faisais cette tête-là... » On imagine que son émotion avait alors dépassé la perplexité, pour confiner à la stupeur. Il en conservait un souvenir mêlant angoisse et fascination. Peut-être l'expérience, à mi-chemin entre traumatisme et révélation, avait-elle agi sur lui comme une épreuve initiatique. Peut-être avait-elle décidé de son destin professionnel, déterminant son choix de devenir professeur de mathématiques.

Il me semble qu'il souhaitait nous transmettre son expérience, en nous soumettant à notre tour à cette épreuve. Il avait choisi de nous exposer à l'énigme du langage mathématique, au sens où, dans l'Antiquité, on exposait un enfant nouveau-né : celui-ci succombait alors aux dangers de la nature, ou était désigné par le sort pour survivre. De même, M. Potry nous confrontait à la violence des mathématiques, dont il trouvait la quintessence dans le langage crypté.

J'ignore combien de vocations il suscita, combien d'élèves conçurent lors de cet épisode le désir de se frayer un chemin parmi les arcanes des mathématiques, et combien d'entre nous il découragea. Cependant, il est certain que ce moment ne laissa personne indifférent. Par cette courte scène, M. Potry nous montrait la force émotionnelle associée à ce langage chiffré. Si la parole est absente en mathématiques, ce n'est pas la preuve de son inhumanité. La parole cède la place à un langage différent, mystérieux, aux répercussions intenses. Un langage fait de hiéroglyphes – ou peut-être de signes cabalistiques – aux effets sidérants.

Pourquoi cette sidération ? Il ne s'agit après tout que de mathématiques : comment une discipline scolaire déclenche-t-elle cette fascination, cette implication de toute la personne ?

La violence de ces impressions suggère que l'apprentissage des mathématiques n'est pas seul en cause. On pourrait imaginer que la vue des signes mathématiques fait résonner des émotions très antérieures à cet apprentissage. Peut-être s'agit-il de l'effet produit par l'écriture des adultes qu'observerait un enfant. Il ne peut la comprendre lors de ses premières années : elle marque ainsi l'accès, pour l'instant impossible, au monde des adultes. Peut-être s'agit-il de réminiscences plus précoces encore – par exemple les impressions du tout jeune enfant, témoin d'échanges de paroles entre ses parents. Les paroles, puis les écrits placent l'enfant à l'orée d'un univers : c'est un choix de vie fondamental par lequel il décidera ou non d'y entrer, en recherchant les clés du langage qui le régit. Ainsi, les hiéroglyphes mathématiques doivent peut-être leur effet saisissant à ce qu'ils font résonner d'un rapport archaïque à la parole.

Souvent, la rencontre avec le langage crypté des mathématiques ne fait l'objet d'aucun commentaire. Passée sous silence, elle n'est pas reconnue comme l'épreuve qu'elle constitue. En nous jouant cet épisode exemplaire, M. Potry eut le mérite de faire apparaître au grand jour un motif qui se profile en filigrane dans la trame de la plupart des cours de mathématiques. Pour une fois, cela n'allait pas sans dire...

DE LA FORMULE MATHÉMATIQUE À LA FORMULE MAGIQUE : LA PAROLE VIDÉE DE SON SENS

Le langage crypté est encore un langage. Certains élèves, qui se plaignent de ne pas comprendre le discours mathématique, tentent de le traduire de façon à se le rendre intelligible. C'est ce que fera Philippe, aujourd'hui journaliste, qui, après des années de « blocages », découvre en classe de terminale une technique lui permettant de surnager : « J'écrivais tout en français, *in extenso*. Comme ça, ce n'était plus abstrait. »

L'idée tardive de Philippe n'est que rarement partagée. Peu d'élèves s'attachent à rechercher la pierre de Rosette qui livrerait l'énigme du langage codé. L'idée même qu'il y aurait quelque chose à comprendre paraît parfois incongrue. Le choc, la sidération face au texte mathématique semblent empêcher la pensée de se déployer. Les paroles prononcées en mathématiques ne sont même plus codées : elles sont perçues comme vides.

C'est ainsi que les élèves en difficulté « connaissent » souvent leur cours : ils peuvent en réciter le contenu, comme ils réciteraient sans la comprendre une prière en latin. Ils ont, de la même façon, « compris » les exercices faits en classe : ils en retiennent les mots-clés, qui constituent autant de *stimuli*. À chacun de ces stimuli, les élèves proposent la réponse la plus vraisemblable – c'est-à-dire celle qui, dans les corrections faites en classe, est apparue avec la plus grande fréquence. Ce type de « compréhension » est susceptible de produire de bonnes notes lors des examens : le résultat de ce labeur peut confondre l'enseignant, trop heureux de découvrir une réponse « juste » dans une copie – ou trop las – pour s'assurer que cette réponse correspond à un véritable raisonnement personnel. Cette démarche demande à l'élève un épuisant travail statistique, et sa plus ou moins grande réussite dépend de ses facultés d'observation et de sa patiente persévérance.

Ainsi, la plupart des élèves savent que, pour résoudre une équation du premier degré à une inconnue, il suffit de « faire passer les x d'un côté du égal – de préférence à gauche – et les nombres de l'autre côté », en se rappelant bien que chacun de ces passages occasionne pour le voyageur, x ou nombre, un changement automatique de signe.

Par exemple, l'équation suivante : $x + 2 = 14$, donnera lieu chez la plupart des élèves au « raisonnement » suivant :

« Pour résoudre $x + 2 = 14$, on fait passer le 2 de l'autre côté du égal, et il devient – 2. »

Et l'élève écrit à la ligne suivante :

« $x = 14 - 2$ »

Bien que cette démarche conduise à un résultat exact ($x = 12$), le discours dont elle est accompagnée ne la justifie en rien. Il ne permet pas de comprendre sur quelle logique elle est fondée, ni sur quels principes mathématiques elle s'appuie.

Au contraire, ce commentaire fait l'effet du récit d'un tour de magie que Mélies ne désavouerait pas. Tout se passe comme si le 2 figurant dans le membre de gauche de la première égalité avait disparu de son ancien emplacement pour se matérialiser de nouveau, à la ligne suivante, dans le membre de droite de l'équation. Par quel miracle le 2 s'est-il transporté d'une place à l'autre ? Où a-t-il pêché ce nouveau compagnon, ce signe « moins » qui joint désormais sa destinée à la sienne ? Le 2 a-t-il pris son élan pour sauter par-dessus le « égal », attrapant au cours de son saut vertigineux un signe « moins » qu'il s'est approprié avant de retomber de l'autre côté ?

Il m'est arrivé de travailler avec des étudiants qui adoptaient ce type de démarche. Ils se préparaient à devenir eux-mêmes professeurs des écoles. Je suis intervenue pour poser mes habituelles questions naïves, et demander qu'on m'explique ce tour de passe-passe. J'imaginais qu'il n'en faudrait pas davantage pour éveiller la curiosité de ces étudiants. Ils allaient bientôt eux-mêmes enseigner, pratique que j'imagine indissociable d'une envie de comprendre. À ma grande surprise, ils m'ont répondu avec agacement que « c'était comme ça ». Ce discours purement descriptif leur convenait. Ça marchait, c'était bien suffisant.

Je leur ai proposé de réfléchir aux fondements de cette démarche de résolution : pourquoi cela « marche »-t-il ? Quel raisonnement cela implique-t-il ? J'étais encore une jeune chargée de travaux dirigés, et je me berçais d'illusions : je croyais que ma proposition serait accueillie avec enthousiasme, et m'apprêtais modestement à apporter à mon public reconnaissant des explications auxquelles il ne pouvait manquer d'aspirer avidement.

Quelle naïveté était la mienne ! Non seulement la plupart de ces étudiants n'étaient absolument pas intéressés par l'idée de comprendre ce qu'ils faisaient en manipulant une équation, mais certains étaient même violemment opposés à cette tentative : « Après, ça risque de ne plus marcher ! » objecta une étudiante. Comme si, en révélant le secret des équations du premier degré à une inconnue, je risquais de provoquer un bouleversement dans l'ordre des choses, jusqu'à faire échouer des méthodes jusque-là fiables.

Pour ces étudiants, les mathématiques faisaient certes une place à la parole (« On fait passer le 2 de l'autre côté du égal, et il devient – 2 »). Mais cette parole n'était pas dévolue à l'explication, à l'éclaircissement du processus en cours. Sa fonction était autre. Elle rappelait l'ordre dans lequel effectuer ces opérations mystérieuses, tout en conférant à celles-ci une forme de légitimité : c'était dit, donc c'était vrai. Cette parole fonctionnait ainsi comme une formule magique, dont la seule énonciation produit l'effet désiré. Certainement, il entrait aussi dans ses attributions de rassurer l'élève dans son entreprise, à la façon d'un rituel exorcisant, ou peut-être d'une comptine qui permet à l'enfant d'apprendre les nombres tout en l'apaisant, en le berçant de son air et de ses paroles répétitifs.

Par mes explications, je croyais combler un manque, apporter du sens là où il n'y en avait pas. Mais ce que je percevais comme une lacune n'en était pas une aux yeux des étudiants. La parole où je ne voyais que du vide était emplie d'autre chose : elle avait pour fonction d'obturer les failles, d'éviter la survenue du sens. Elle apportait une impression de réconfort, fournissait l'illusion par laquelle le monde mathématique de ces étudiants tenait en équilibre. C'est cette illusion fragile que je menaçais de briser.

Ainsi, la parole prend parfois un statut très particulier dans l'exercice des mathématiques : elle n'est pas dévolue à la recherche du sens, mais s'emploie finalement à l'entraver. Nombre d'élèves, lorsque je leur demande de me fournir quelques explications, prennent grand soin de n'utiliser que du vocabulaire à consonance mathématique, croyant donner à leur discours un tour scientifique – il leur paraît d'autant plus scientifique qu'eux-mêmes ne le comprennent pas, ce qui constitue comme un gage de rigueur.

On entend ainsi régulièrement certaines phrases qu'affectionnent les enseignants, vigoureusement assenées par les élèves désireux de montrer patte blanche, mais utilisées hors contexte ou à contre-emploi. Ainsi, lisant l'expression « x^2 » (« x au carré »), Aurélien, treize ans, m'explique : « Il est certain que x est positif, puisqu'*un carré est toujours positif.* » Aurélien avait retenu cette litanie cent fois entendue, mais lui attribuait un sens erroné. Au lieu de comprendre que lorsqu'on élève un nombre au carré, le résultat obtenu est positif, Aurélien lui donnait le sens suivant : un nombre élevé au carré est par là même positif. Comme si le fait d'élever un nombre x quelconque (positif ou négatif) au carré rendait, rétroactivement, ce nombre x positif.

Lorsque j'ai demandé à Aurélien si cette règle valait aussi pour $(-5)^2$, il a aisément repéré sa méprise. En effet, (– 5) est un nombre négatif. Cela n'empêche pas de l'élever au carré : $(-5)^2 = (-5) \times (-5) = 25$. Et cette opération ne modifie en rien la nature de (– 5), qui est et reste un nombre négatif. Ainsi, Aurélien a été en mesure de retrouver le sens de la litanie qu'il utilisait. Pourtant, avant mon intervention, il ne lui était pas venu à l'idée de se demander précisément ce que cette phrase signifiait. Il lui prêtait en définitive une sorte de pouvoir magique : elle permettait de transformer n'importe quelle valeur en nombre positif (qu'Aurélien préférait de beaucoup aux nombres négatifs). Peut-être tenait-il trop à cette magie pour rechercher le véritable sens de la phrase dont il se servait.

Dans le cas des étudiants, comme pour Aurélien, la « parole mathématique », aux allures d'explication, servait en fait d'alibi à des pratiques d'alchimie. Elle ouvrait la voie à la toute puissance (je peux faire disparaître un nombre ou le rendre positif en prononçant une simple formule). Par cette parole, tout était permis. En cela, elle allait précisément à l'encontre de l'esprit des mathématiques, où chaque démarche, ordonnée par des lois bien déterminées, exclut l'arbitraire.

Vidée de son sens, elle avait perdu sa fonction ; elle ne permettait plus de comprendre. Elle était comme dévitalisée. Elle n'était plus un outil pour Aurélien ni pour les étudiants, ne leur donnait pas accès au contenu, aux rouages qu'ils faisaient jouer. Elle était un facteur de désordre au lieu de leur permettre d'ordonner leur pensée. En détournant cette parole – sans en avoir précisément conscience –, ils se barraient l'accès aux mathématiques.

Cependant, les mots prononcés avaient des allures mathématiques, ils semblaient constituer de véritables explications – explications dont, en réalité, ils masquaient l'absence. Ils produisaient l'illusion d'un pont, d'un accès au sens, alors qu'ils ne faisaient que l'entraver.

On comprend bien que les élèves, se démenant dans ces fausses explications, ces discours construits par leurs soins, s'empêtrent davantage, se désespèrent, se croient idiots, et s'éloignent encore un peu des mathématiques.

Au lieu d'éclairer les élèves, ce succédané de parole les prive de la possibilité d'être en prise avec les mathématiques, de s'y intéresser, de jouer, de se familiariser avec elles, et, en définitive, d'y trouver leur place, de s'y sentir humains.

Les mathématiques sont-elles par essence dénuées d'une parole authentique – une parole qui les rattacherait au registre de l'humain au lieu de les en éloigner ? Ne permettent-elles pas autre chose que cette parole cryptée, détournée, vidée de son sens ? Est-il vraiment impossible d'expliquer les mathématiques avec des mots simples, compréhensibles ?

L'absence de parole, sa « dévitalisation », son détournement vers l'illusion et la magie n'apportent pas nécessairement la preuve de l'inhumanité des mathématiques : ne pourraient-elles, au contraire, révéler des émotions, des angoisses, des vécus profonds que cette discipline fait affleurer chez celui qui la pratique ?

La fantaisie impossible ?

« Infailliblement, vous ferez la culbute,
c'est mathématique. »
Émile ZOLA

En évacuant les mots, ou en les « dévitalisant », les élèves ne se privent pas seulement d'un accès au sens. En effet, les mots ne sont pas asservis à une communication purement fonctionnelle. Certes, ils forment les modes d'emploi des téléviseurs ou le règlement de la RATP... Mais ils sont aussi ceux de la poésie et des mots d'esprit, ceux qui permettent de jouer et d'imaginer, ceux de l'amusement et ceux de l'art. Ceux de la fantaisie.

Inhumaines, les mathématiques le seraient aussi en ce qu'elles n'autorisent aucune fantaisie : un exercice, un problème donnés appelleraient un mode de résolution unique, prédéterminé presque ligne par ligne. S'en éloigner d'un iota, faire preuve d'initiative personnelle, entraînerait inévitablement l'erreur, la faute. « Mathématique », sous la plume de Zola, ne prend-il pas le sens de prévisible, inéluctable ?

Au contraire, entend-on souvent, une dissertation de français donnerait l'occasion à chaque élève de s'exprimer, le laissant libre, pourvu qu'il se montre éloquent, de développer les idées qui lui tiennent à cœur. Un devoir d'histoire même permettrait à l'élève d'en organiser à sa guise la structure, et de choisir l'argumentation qui lui semblerait la plus cohérente. En principe, l'enseignant lisant ces copies pourrait apprécier – et couronner d'une note élevée – un travail qui ne correspondrait pas à ses opinions personnelles.

Une fois de plus, l'argument décisif tient ici dans l'opposition du littéraire et du scientifique. Comme si les mathématiques, par essence étrangères aux matières dites littéraires, ne pouvaient se signaler que par des caractéristiques qui leur soient contraires. De même que les lettres sont des hôtes indésirables dans les calculs, la liberté, inhérente au travail littéraire, serait, par là même, exclue des mathématiques.

Sébastien (quatorze ans) me semble porter plus loin encore cette impression de déterminisme. Il se dit « dégoûté » : malgré tous ses efforts de « concentration », « un moment d'inattention, et on commet *la* faute ». Comme si « la faute », elle aussi, était prévue, placée sur le chemin que suivrait naturellement l'élève. Celui-ci devrait redoubler de vigilance pour éviter cet écueil, aussi rigoureusement programmé que l'ensemble de la résolution de l'exercice.

La résolution d'un problème de mathématiques s'apparenterait à quelque trajet d'autoroute, dont il s'agirait uniquement de trouver l'entrée et la sortie en évitant les « pièges ». Ou encore à une opération de travail à la chaîne, parfaitement standardisée – jusque dans les déviances possibles. L'élève serait une machine à laquelle on demanderait tout bonnement de trouver elle-même son propre réglage.

Cette perspective est parfois encouragée par la littérature mathématique, qui propose par exemple aux élèves des classes préparatoires aux grandes écoles de commerce un ouvrage d'aide en mathématiques intitulé... *Automaths*[1]. Un tel titre légitime l'idée suivant laquelle l'apprentissage des mathématiques se résumerait à l'acquisition d'automatismes, de processus stéréotypés, excluant toute intervention d'une intelligence créative. En cela, il me paraît très contestable... et assez peu pédagogique. Et que penser du professeur de Carina qui décrète, peut-être épuisé par le peu d'écho rencontré chez son jeune public : « Pour faire des mathématiques, il faut être bête. Ne cherchez pas à comprendre. »

Voilà donc ce qu'on attendrait des élèves en mathématiques : ils seraient voués à se transformer en machines, en « automaths », à abdiquer toute invention, toute créativité, tout souffle de vie... tout soupçon d'humanité. Qui leur reprocherait de ne pas y trouver leur compte ?

---

1. Ce terme est également commenté par Stella Baruk dans son ouvrage *Échec et maths*, Seuil, coll. « Points science », 1977.

Cependant, l'affaire n'est pas si simple qu'il y paraît. L'« automathisme », qui, selon toute logique, devrait produire chez les élèves une impression désagréable – en les frustrant d'une réflexion personnelle, d'une liberté dans les démarches, en leur interdisant les essais et autres bricolages –, leur procure parfois au contraire un véritable plaisir. Cécile, puéricultrice, qui proclame que les mathématiques « ne devraient pas exister, parce qu'elles entretiennent des angoisses pareilles ! », évoque volontiers la délectation qu'elle trouvait à « appliquer des formules ». « J'aimais bien ça, il n'y avait pas à réfléchir, le résultat était rapide. »

La fantaisie n'est pas de tout repos : en excluant la routine, elle met fin à la sécurité de la répétition. Elle demande une implication personnelle, une véritable présence de l'élève. Elle suppose que chaque exercice soit une nouvelle aventure, à l'issue inconnue, et ouvre ainsi la porte à une certaine angoisse. L'automathisme permet d'éviter cela.

On est finalement fondé à se demander qui, des mathématiques ou des élèves, interdit toute fantaisie. Celle-ci est-elle véritablement incompatible avec les mathématiques ? Ou son incursion est-elle soigneusement entravée par des élèves qui se protègent ainsi de l'angoisse que cette dynamique susciterait en eux ? Ne peut-on imaginer, au contraire, que la fantaisie se presse aux portes des mathématiques, qu'il lui suffise de peu pour y prospérer ?

2

Inhumaines... ou trop humaines ?

De l'indifférence à la peur

Les mathématiques sont-elles intrinsèquement inhumaines ? Corps, parole, fantaisie en ont-ils été évincés sans retour ? Ou se retrouvent-ils, au contraire, au cœur de cette pratique ?

Le corps absent ?

En explorant la genèse du nombre dans les différentes civilisations, Georges Ifrah[1] souligne le rôle primordial que tient le corps dans ce processus. Cette évolution historique de la pensée se retrouve à l'échelle du sujet humain. Chacun, au fond de lui, le sait depuis toujours : un nombre, c'est d'abord des doigts.

Je devais avoir trois ou quatre ans. Une autre petite fille m'avait demandé mon âge. Je ne savais pas encore compter, mais pour une raison quelconque, il me semblait que je pouvais depuis quelque temps me prévaloir

1. Georges Ifrah, *Histoire universelle des chiffres*, Robert Laffont, coll. « Bouquins », Paris, 1995.

d'un âge assez imposant. Peut-être mon dernier anniversaire était-il encore récent, à moins que la naissance imminente de mon frère cadet ne m'ait procuré l'avantage de me sentir, tout à coup, devenue une « grande. » J'ai répondu à la petite fille que j'avais « tout ça ». Et, joignant le geste à la parole, j'ai ouvert mes deux mains pour indiquer que mon nombre d'années correspondait à la totalité de mes doigts. Voyant l'air impressionné de mon interlocutrice, j'ai eu l'impression d'un mérite un peu usurpé. Je sentais que cette profusion de doigts devait dépasser peu ou prou le nombre de mes années. Au moyen de mes seules mains, je venais de découvrir successivement les notions de « beaucoup » et de « trop ».

Aujourd'hui, je ne dédaigne toujours pas le secours de mes doigts, lorsqu'il s'agit par exemple de trouver une date. Nous sommes aujourd'hui mardi 15 : quelle date serons-nous dimanche prochain ? Pour résoudre ce type de problème, on peut énumérer les jours en dépliant chaque fois un doigt : « mercredi », le pouce, « jeudi », l'index, et ainsi de suite jusqu'à « dimanche », l'auriculaire. Puis on compte en associant à chaque doigt la date qui lui correspond : on replie le pouce en disant « 16 » (la date de mercredi), puis l'index « 17 », jusqu'à l'auriculaire : « 20 ». Et le tour est joué : dimanche, nous serons le 20.

Chacun le sait : les mains constituent une excellente machine à calculer. Les enfants et les adolescents qui, en classe, ont « encore » besoin de compter sur leurs doigts pour additionner ou multiplier, en sont pleinement conscients. Certains professeurs voient d'un mauvais œil cette pratique, et marquent leur désapprobation – par exemple en signifiant aux élèves qu'ils ont « passé l'âge ». Munis des meilleures intentions, ils croient pousser l'élève dans le sens de l'abstraction[1]. Cependant, il se peut que ces enseignants précipitent l'évolution d'un sujet qui n'est pas encore prêt. « On ne fait pas pousser les laitues en tirant dessus... », avait coutume de dire Mme Procenko, institutrice dans une école Steiner. Et, à tirer dessus, avec la meilleure volonté du monde, on risque de les arracher : « Dans sa petite enfance, explique L. Weil-Kailey, bébé joue avec ses doigts. C'est la première notion qu'il a de son corps. Puis il touche à tout pour faire connaissance avec le monde, et surtout avec ses mains. Or, un jour, un maître, croyant bien faire et voulant que les mathématiques soient "abstraites" à souhait, interdit à l'enfant de compter sur ses doigts ; sans s'en rendre compte, il interdit son corps à l'enfant, et lui interdit toute association de son corps avec les mathématiques[2]. » Je reviendrai plus loin sur ce point.

Les doigts ne sont pas les seuls organes permettant de construire des nombres : Georges Ifrah propose dans son ouvrage un panorama des différentes façons de compter à partir du corps. « Plusieurs "primitifs" contemporains font [...] appel aux diverses parties du corps humain. Ils se réfèrent aux doigts des mains et des pieds, aux articulations des bras et des jambes (coudes, poignets, chevilles, genoux...), aux yeux, au nez, à la bouche, aux

1. Je transcris à ce propos une indication précieuse que je dois à François Dupont, psychopédagogue en français : « Comme on interdit aux élèves de compter avec les doigts, on leur interdit aussi de lire en remuant les lèvres, alors que jusqu'au XVIIe siècle au moins, tout le monde lisait à voix haute, seul ou en public. L'exigence éducative de cacher les signes visibles de l'effort intellectuel date sans doute du romantisme et de sa croyance dans le "don", le "génie" que chacun s'efforce de paraître aux yeux des autres dans la compétition scolaire. »

2. Citée par Georges Ifrah in *Histoire universelle des chiffres, op. cit.*

oreilles, aux seins, au thorax, au sternum, aux hanches, etc[1]. » Dans les contes des Mille et Une Nuits, le corps constitue souvent la mesure de référence, notamment pour désigner des quantités innombrables : « Je suis tellement ravi que si chacun de mes poils se changeait en mille langues, et que chacune de ces langues célébrât tes louanges, je n'exprimerais pas encore ce que je ressens pour toi de gratitude[2]. »

Cependant, l'usage des doigts est particulièrement intéressant, et très juste du point de vue historique. En effet, une grande majorité de civilisations (dont la nôtre) compte en base dix. Cela signifie que nos chiffres s'arrêtent à 9. Si, au nombre 9, on ajoute une unité, on obtient 10. Ce nombre est formé de deux chiffres (un « un » suivi d'un « zéro »). Cette « orthographe » signifie que la quantité « 10 » est faite d'*une* dizaine (le 1) et de *zéro* unité (le 0). Ce passage du 9 au 10 se fait ainsi parce que nous considérons la quantité « dix » comme une entité, un premier groupement dans lequel les unités se fondent. De même, la quantité « 53 » s'écrit ainsi parce qu'elle permet de constituer cinq groupements de dix, et qu'il reste encore trois unités après ce rassemblement. On continue à compter suivant cette logique : après 99 vient 100 – zéro unité, zéro dizaine, et une centaine (formée de dix groupes de dix unités).

D'un point de vue mathématique, rien n'empêcherait de compter en base 4, par exemple, ce qui donnerait : 0 ; 1 ; 2 ; 3 ; 10 (un groupe de quatre et zéro unité) ; 11 (un groupe de quatre, et une unité, ce qui se dirait 5 dans notre base décimale) ; 12 ; 13, 20 (ce que nous appellerions 8), 21 ; 22 ; 23 ; 30 ; 31 ; 32 ; 33 ; 100

1. *Histoire universelle des chiffres, op. cit.*, p. 46.
2. *Les Mille et Une Nuits*, Robert Laffont, coll. « Bouquins », t. II, p. 907 (in *Histoire de la rose marine*), Paris, 1995.

(quatre groupes de quatre, c'est-à-dire, pour nous, 16), 101, etc.

« La base dix, écrit Georges Ifrah, a eu une fortune absolument exceptionnelle[1]. » Pourquoi la grande majorité des civilisations humaines a-t-elle opté pour cette base qui, d'un point de vue « strictement mathématique », n'est pas forcément la plus cohérente ? On l'aura deviné : « Si la nature avait donné six doigts à chaque main, la majorité des numérations de l'histoire auraient été fondées sur la base douze[2]. » En ajoutant encore les orteils, on obtient le principe de la numération aztèque, en base vingt. Finalement, le nombre 53 revient à compter cinq paires de mains et trois doigts.

Ainsi trouve-t-on le corps aux sources des mathématiques.

On m'objectera que, même si le corps était présent à l'origine, faire des mathématiques, ce n'est pas cela ! Ce n'est pas compter sur ses doigts ! Certes, les mathématiques ont pu s'intéresser initialement aux quantités physiques – compter des troupeaux, ou mesurer des champs –, mais ce temps est révolu... Les mathématiques sont abstraites.

Se pourrait-il que le corps ait totalement disparu des mathématiques ? Qu'il ne reste aucune trace de sa présence originelle ? Qu'il n'y ait plus aucune place ? Que les mathématiques se soient radicalement dématérialisées ? Cela paraîtrait aussi incohérent que de ne voir de l'arbre que les branches qui s'élancent vers le ciel, en niant ses racines profondément enfouies dans la terre. L'origine – le corps humain, l'objet matériel (troupeau à compter, champ à mesurer) – ne peut s'être évaporée

1. *Histoire universelle des chiffres*, *op. cit.*, p. 103.
2. *Histoire universelle des chiffres*, *op. cit.*, p. 113.

des mathématiques sans autre forme de procès : l'abstraction ne saurait désigner sa complète annihilation.

Cependant, la présence du corps dans les mathématiques est généralement niée. Lise, qui en CM2 a « encore » besoin de compter sur ses doigts pour faire des additions, cache pudiquement ses mains sous la table pour se livrer à ses calculs. Le corps, ainsi que ses dérivés matériels, fait figure de péché originel, d'ancêtre honteux projetant l'ombre d'une origine bâtarde sur le blanc immaculé de l'abstraction mathématique.

Nié, cet ancêtre ne peut reposer paisiblement. Il revient hanter les mathématiques, souvent avec une certaine cruauté. On décrira dans le prochain chapitre différents fantasmes d'atteintes corporelles associés aux mathématiques – nez ajouté puis arraché par le professeur de Ionesco ; racine que le Savant Cosinus, se prenant pour le dentiste, projette d'extraire de la bouche de Mme Belazor, etc. Rappelons encore que l'une des structures mathématiques est appelée... un corps.

En se lamentant sur le peu de place réservé au corps, on ne fait, en définitive, qu'ignorer et réprimer un peu plus cette composante fondamentale des mathématiques, et rendre leur approche particulièrement malaisée. Il semblerait plus cohérent de retrouver ce support, de restituer au corps sa juste place dans la pratique des mathématiques.

Cependant, rendre sa place au corps dans la pratique des mathématiques n'est pas une fin en soi. Il ne s'agit pas de « somatiser » les mathématiques, d'évincer la pensée par la voie du corps – au sens où une maladie psychosomatique peut, dans certains cas, fournir au sujet une douleur physique qui aurait pour fonction de « remplacer » une souffrance psychique, lui évitant ainsi de s'y confronter.

Ainsi, il est fondamental de réfléchir à la façon dont cette « réincarnation » peut ouvrir une voie vers l'abstraction. L'étymologie vient ici à point nommé nous rappeler qu'« abstrait » ne signifie pas immatériel. Abstraire, du latin *abstrahere,* signifie *tirer hors de*[1]. L'abstraction n'a pas eu lieu une fois pour toutes. Elle n'est pas le fruit de cette extraction, mais désigne *le processus même de l'extraction*, sans cesse à renouveler. Se confronter à l'abstrait, ce n'est pas se pencher sur un phénomène définitivement accompli, mais, à mon sens, entrer dans un jeu d'allers et retours entre le corps, le matériel, et ce qui en est abstrait. Le recours au dessin dans un exercice de géométrie en fournit une illustration éloquente. Comme on l'a noté précédemment, ce dessin ne peut suffire au travail mathématique. À lui seul, il n'est qu'un cas particulier. Il peut faire l'objet d'une observation, non d'un raisonnement. En revanche, si, au lieu de s'agripper à ce dessin, on le considère comme un point d'appui, un repère pour les sens, il permet à la pensée de se déployer et en affermit les démarches.

Il s'agirait de reconnaître dans le corps et dans les éléments matériels un appui à la réflexion, d'apprendre à y trouver ou à y inventer un support pour faire l'expérience de cette démarche que demande l'abstraction : tour à tour se libérer de cet appui et le retrouver, s'y réinstaller puis reprendre son envol.

Une discipline muette ?

Faire des mathématiques conduit souvent à malmener la parole : langage mystérieux et crypté, mots absents ou détournés de leur fonction, vidés de leur sens, mis au service de tours de magie…

---

1. *Le Petit Robert.*

Le verbe est-il réellement impuissant à éclaircir la pratique des mathématiques ? Est-il impossible d'expliquer sans jargonner ? inconcevable d'utiliser des mots simples, compréhensibles, pour dire la façon dont on a résolu un exercice, ou faire connaître les points encore obscurs ?

Pour Laure, en classe de cinquième, les mathématiques s'en tenaient aux chiffres. La parole, les mots lui semblaient indésirables dans ce champ. D'ailleurs, elle ne comprenait rien à ce que disait son professeur de mathématiques, qui, selon elle, parlait trop vite... jusqu'à ce qu'elle découvre, au cours de notre travail, que le discours de ce professeur, comme n'importe quel discours de la vie quotidienne, comprend des éléments importants, et d'autres qui le sont moins. Certaines indications constituent un luxe de précisions ou d'approfondissements qui, pour l'instant, n'intéresse pas Laure. Aussi décide-t-elle, provisoirement, de laisser ces dernières de côté. Dans la marge, en face de ces passages – qu'elle recopie tout de même dans son cours –, Laure écrit : « Pas important ». Depuis, elle saisit sans difficulté ce que dit son enseignante. Peut-être celle-ci parlait-elle à un rythme inhabituellement rapide – quoique Laure batte tous les records dans cette pratique. Mais l'élève, de son côté, avait pour le discours de son professeur une sorte de vénération. Comme fascinée, elle s'attachait avec la même intensité à chacun de ses mots, si bien qu'aucun sens ne pouvait émerger. En effectuant un « tri » dans ce discours, en prêtant attention à ses nuances – ce que chacun fait, sans y penser, à l'écoute d'une parole « non mathématique » –, Laure s'est donné les moyens d'y trouver un accès.

Cette histoire est riche d'enseignements. En premier lieu, elle montre qu'un discours simple, accessible, n'est pas incompatible avec les mathématiques, et que celui-ci peut ouvrir la voie à leur compréhension.

De plus, Laure n'avait pas accès à un tel discours en grande partie parce qu'elle ne songeait pas qu'il puisse exister en mathématiques. Elle ne le cherchait pas, et avait donc peu de chances de le trouver sans une aide extérieure. Le statut non humain qu'elle conférait à la parole du professeur l'empêchait d'avoir accès à son sens.

Une fois qu'elle a tenté d'entendre dans cette parole un discours simplement humain, avec ses temps forts et ses points faibles, Laure a été en mesure de le comprendre sans difficulté. Comment expliquer qu'elle n'en ait pas eu spontanément l'idée, et q'un travail ait été nécessaire pour cela ? Même si ses préjugés sur les mathématiques allaient à l'encontre de cette approche, le professeur n'en était pas moins un être humain : à ce titre, Laure aurait pu lui prêter naturellement l'oreille, comme elle le faisait avec n'importe qui d'autre... Cependant, elle n'y songeait pas. Elle écoutait l'enseignante avec avidité, buvait littéralement ses paroles. Elle était comme collée à son discours et ne pouvait, même pour un instant, même pour en restituer les nuances, prendre de la distance. Laure manifestait ainsi le mode de relation qu'elle avait établi avec son professeur : une relation dans laquelle la séparation était difficile à envisager.

Il est probable que cette réticence, ou cette angoisse à se séparer, ne concernait pas seulement l'enseignante mais constituait une difficulté habituelle pour Laure – difficulté dont elle n'était pas consciente.

De fait, le « mutisme mathématique » témoigne parfois de difficultés dans le rapport à la parole et dans la relation à l'autre qui dépassent le champ de cette discipline. Marie, en classe de quatrième, n'écrit jamais sur ses copies autre chose que des symboles ou des termes mathématiques. Jamais elle n'adresse une phrase réelle à son professeur. Elle se dit « nulle » en mathématiques, et pourtant elle aime beaucoup cette discipline : « On n'a pas besoin de parler », m'explique-t-elle. Marie déteste parler, « parce qu'on n'est jamais compris ». Elle a renoncé à se faire entendre lors des repas familiaux : ses quatre frères aînés lui laissent trop peu de place pour s'exprimer. Elle ne souhaiterait rien tant, pour éviter les malentendus inhérents à la parole, que d'être télépathe – comme les personnages des romans de science-fiction qu'elle dévore jusqu'à des heures très avancées de la nuit, et que ses parents ne parviennent à lui arracher qu'au prix de conflits violents.

Ainsi, les obstacles qui entravent la construction d'une parole en mathématique ne signent pas nécessairement une carence attachée à l'essence même de cette discipline. Elle traduit souvent une problématique plus personnelle, plus profonde. En particulier, les mathématiques fournissent un terrain particulièrement favorable à la manifestation de difficultés relationnelles – notamment, on le verra plus en détail par la suite, en ce qui concerne la séparation.

Par ailleurs, l'établissement d'une parole simple et claire facilite l'accès à la compréhension. Dès lors, on est amené à se demander pourquoi certains élèves semblent attachés à un langage crypté et montrent si peu d'empressement à en rechercher la traduction. Pourquoi, au lieu de tenter d'éclaircir le discours des mathématiques, paraissent-ils s'acharner à le vider de son sens ?

Ici se pose la question de ce que pourrait représenter la compréhension. Est-elle à ce point souhaitable ? Ne peut-elle générer de l'angoisse, par exemple en réactivant une problématique ancienne ? Ne peut-on envisager que les élèves, inconsciemment, tentent d'éviter de comprendre afin de ne pas se confronter à cette problématique – comme cela semble être le cas pour les étudiants dont il est question plus haut ?

Une autre hypothèse permet encore de rendre compte de la difficulté à établir un discours clair en mathématiques : on a vu que la parole, vidée de son sens, y prenait souvent le statut d'une formule magique. Ne peut-on entendre, dans cet attachement à la magie, la résurgence d'un mode ancien de fonctionnement – un fonctionnement rappelant une position infantile ?

Outre ces entraves à la parole, sur lesquelles on reviendra, une remarque s'impose encore. On découvre parfois, au détour d'un exercice ou d'un théorème, que les mathématiques recèlent une forme de parole qui les dépasse – une parole souterraine, construite à partir des mots mathématiques, mais qui ne ressemble en rien au discours transparent attendu dans une discipline scientifique : cette parole a sa cohérence, sa logique propre. Ainsi le discours mathématique est-il parfois entravé non par un vide, un silence, une absence de sens, mais par un trop-plein de sens.

Comme le fait souvent remarquer Stella Baruk, la plupart des termes mathématiques sont pourvus d'une acception différente dans le langage courant. Ainsi en est-il, par exemple, de « direction ». Dans la phrase « Prenez l'autoroute de l'Ouest en direction de Paris », la direction désigne le sens dans lequel il faut suivre cette autoroute. En mathématiques, la « direction » d'un vecteur désigne l'axe qui le supporte, ce qui comprend aussi bien le sens Paris-Rouen que le sens Rouen-Paris. Pour traduire en langage mathématique le terme usuel de « direction », il faut dire « sens ». On comprend que les élèves, confrontés à ces risques de confusion, hésitent avant de s'aventurer à parler – et, en tout cas, se méfient de ce qu'ils disent, et de ce qu'on leur dit.

Cependant, ce chevauchement de significations, si troublant qu'il paraisse au premier abord, devrait pouvoir se résoudre : il suffirait d'expliquer clairement aux élèves que le sens courant de certains termes n'est pas le même que leur acception mathématique, et de bien préciser la définition de cette dernière. Par exemple, un monument n'a qu'une hauteur, qui est un nombre de mètres, alors qu'en mathématiques, un triangle a trois hauteurs, qui sont, elles, des « traits ».

Mais l'expérience montre que, même avec la meilleure volonté du monde, des explications claires ne suffisent pas toujours à lever les confusions qui touchent au langage mathématique.

Cependant, ces confusions ou ces rapprochements, souvent riches de sens, permettent parfois, lorsqu'ils sont mis au jour, d'éclairer les notions qu'ils hantaient. Ainsi, Carina, en classe de seconde, ne parvient pas, malgré tous mes efforts, à saisir ce qu'est une racine. J'ai le sentiment que sa difficulté n'est pas d'ordre « intellectuel » : parfois, cette notion paraît ne lui poser aucun problème, et, l'instant d'après, tout semble de nouveau enfoui dans un brouillard épais. Jusqu'au jour où Carina, en arrivant, aborde d'emblée ses démarches sans fin pour obtenir la nationalité française (à propos de son retard à notre cours), et évoque son arrière-grand-mère. Puis nous commençons à travailler. Lorsque je lui demande ce qu'elle souhaiterait reprendre, Carina me répond sans hésiter –et sans établir aucun lien avec ce qu'elle vient de dire : « Les racines ! ».

Lasse de proposer toujours des explications inutiles, et inspirée par cette entrée en matière, je demande à Carina ce que sont les « racines » dans le langage de tous les jours, dans quel sens on peut employer ce terme. Carina n'hésite pas : « C'est les origines ; c'est d'où on vient ! ». Nous imaginons alors ensemble une nouvelle explication de la racine carrée (juste ou fausse du point de vue de l'histoire des mathématiques, nous n'en savons rien) qui tienne compte de cette définition : chercher la racine d'un nombre x revient à se demander d'où il vient, quel est le « nombre-ancêtre » qu'on a mis au carré (c'est-à-dire multiplié par lui-même) pour obtenir x. Par exemple, la racine de 16 (notée $\sqrt{16}$) est 4. 4 est le « nombre-ancêtre » de 16 : c'est de lui qu'on est parti. C'est lui qui, mis au carré, a donné ce 16.

Au passage, cette formulation permet aussi de rappeler la règle selon laquelle « une racine est toujours positive ». En effet, il existe en réalité deux nombres qui, mis au carré, donnent 16 : 4 convient, mais aussi – 4. Seulement, les mathématiques n'acceptent que celui des deux « ancêtres » qui est positif. C'est 4 qu'on désignera comme racine de 16.

Cette explication pourra étonner : elle semble dépourvue de toute trace de rigueur mathématique, et elle embrouillerait certainement les idées d'un autre élève. Mais elle convient à Carina. Cette approche ne met pas un point final à ses difficultés avec les racines carrées, que nous allons encore aborder plusieurs fois. Mais il me semble que, dès lors, son attitude change : au lieu de lancer, sur un ton las, désespéré, et souvent agressif : « Je ne comprends strictement rien aux racines ! », Carina se met à formuler des questions plus précises. Ces questions me permettent à mon tour de trouver de nouvelles explications – « purement mathématiques », celles-là – auxquelles, à présent, Carina se montre réceptive, et qui l'éclairent peu à peu.

Ainsi, le terme de « racine » n'a pu prendre sens en mathématiques que dans la mesure où l'on a, non pas écarté, mais reconnu, accepté, accueilli dans le champ des mathématiques, l'autre sens de « racine » : celui qui s'imposait d'abord à Carina.

L'absence de parole en mathématiques – ou la parole creuse, privée de sens – est ainsi, parfois, non le signe d'un vide de parole, mais la marque d'une autre parole, plus profonde, plus personnelle, n'ayant pas droit de cité. Or, cette parole souterraine est de loin la plus importante pour le sujet, celle qui tendra le plus impérativement vers son expression (ceci généralement à l'insu de l'élève). Non exprimée, cette parole « tire à elle » le sens de la notion mathématique qui l'a fait résonner. Ainsi, les racines de Carina, ses origines, suscitent en elle un questionnement fondamental qui relègue au second plan la notion mathématique de racine. Ignoré, ce questionnement entrave la compréhension en mathématiques. Pris en compte, il ouvre la voie à cette compréhension en lui fournissant son énergie, sa dynamique.

Une discipline interdisant toute fantaisie ?

> « J'avais depuis longtemps cessé de chercher à extraire d'une femme comme la racine carrée de son inconnu... »
>
> Marcel PROUST[1]

Une autre doléance adressée aux mathématiques « inhumaines » ramenait celles-ci au statut d'autoroute, dont le tracé – le même pour tous – n'autoriserait aucun chemin de traverse, aucune fantaisie.

Il convient de modérer ce propos. Supposons en effet – ce qui me paraît difficilement imaginable – qu'il existe un exercice ne souffrant qu'un mode de résolution, sans aucune variante possible. Peut-on imaginer que le même raisonnement, les mêmes réflexions surviennent chez

1. *La Prisonnière, op. cit.*, t. II, p. 616.

tous les élèves confrontés à cet exercice ? Que tous ceux qui le réussissent y parviennent par le *même* chemin intellectuel ? Et si cela était possible, si tous les élèves rédigeaient leur exercice de la même façon, après avoir eu le même enchaînement d'idées (ici, on nage déjà en pleine science-fiction), peut-on imaginer que ce cheminement ait fait vibrer chez tous les mêmes émotions, réveillé les mêmes souvenirs, traversé les mêmes angoisses, évoqué les mêmes images ? La racine carrée de Carina n'est pas la même que celle de Proust...

Dès lors, comment soutenir que l'élève est prisonnier des mathématiques ? Qu'il est réduit à l'état d'« automathe » ? Se peut-il que la fantaisie, l'émotion, l'imagination ne soient pas sollicitées en permanence par une discipline dont les termes, souvent polysémiques, sont si suggestifs : une discipline où l'on ajoute, retire, divise, réduit, développe, dans laquelle il y a des fractions, du positif et du négatif, où l'on change de repère... où l'on cherche des racines, où l'on trouve des identités remarquables, où l'on prend la tangente, où les droites se coupent, où il est question de puissances, d'éléments neutres et d'éléments absorbants, d'inconnues, de symétries, de continuité... où les nombres sont naturels ou relatifs, complexes, réels, imaginaires... où l'on calcule des espérances... où l'on décrit des anneaux, des groupes, des corps... où l'on s'attache à rechercher des limites, où l'on dérive, où l'on se penche sur des figures, où l'on vogue parmi les formes kaléidoscopiques de tracés géométriques entremêlés...

Plutôt qu'absente, la fantaisie est omniprésente. Sans cesse, les termes mathématiques réveillent des questionnements, des émotions, évoquent des images variées.

Mais la fantaisie est-elle partie prenante de cette discipline ? Ou constitue-t-elle plutôt une distraction, une invitation inopportune à la rêverie qui éloignerait de la démarche scientifique ?

Une discipline coucou ?

À parcourir la liste de termes qui précède, on est en droit de s'étonner. C'est à croire que les mathématiques, au lieu de se construire leur propre nid, de se forger leurs propres concepts, sont allées piller, pêle-mêle, le trésor des mots liés à l'âme humaine – des mots du psychisme, de l'émotion, et des grandes questions : quelles sont mes *racines* ? quels sont mes *repères* ? quelles sont mes *limites* ? quelle est ma place dans le *groupe* ? suis-je *puissant* ? ou *nul* ? pourrai-je me *développer* ?

Pourquoi ce choix de termes ?

Je ne dispose d'aucune explication historique sur cette question. Cependant, ce vocabulaire me paraît très cohérent. En effet, toutes les disciplines enseignées à l'école, au collège ou au lycée, disposent d'un support. La géographie traite de lieux physiques, de montagnes, de fleuves, de routes... Les sciences naturelles décrivent les fleurs, les arbres, les sous-sols, les animaux, le corps humain... En français, il est question d'œuvres littéraires, de livres qu'on peut sortir d'une bibliothèque, tenir dans la main, dont on tourne les pages, dont on sent l'odeur... Toutes ces disciplines, en rapport avec la vie quotidienne, bénéficient d'appuis clairs, tangibles, extérieurs à l'élève. Les mathématiques ont un statut à part : elles ne disposent pas véritablement de support, n'en tolèrent un à l'occasion que pour mieux s'en passer. Les mains, qui aident à compter, servent à concevoir des nombres sans mains. Les figures géométriques, visibles, dont on peut suivre le contour du bout du doigt, constituent un appui provisoire, une aide à penser, qui n'est valable que si l'on perçoit à travers elle le « cas général », l'idée qui lui correspond – c'est-à-dire ce qu'elle n'est pas. Dans leur refus de tout support, ou plutôt leur mouvement continuel pour s'en écarter, les mathématiques se retrouvent privées d'appui.

S'imagine-t-on marchant sur du vide ? Prenant appui sur rien ?

Les mathématiques ne font pas exception à cette loi universelle : elles aussi ont besoin d'un socle. Mais comment faire, alors qu'elles se privent par leur nature de tout support « officiel » ?

Puisque le monde objectif, réel, extérieur est exclu de ce rôle, il ne reste que le monde subjectif, imaginaire, intérieur. L'émotion, les fantasmes, les grandes questions humaines constitueraient à mon sens le « support officieux » dont les mathématiques ne sauraient de passer.

Les difficultés que Carina rencontre avec la racine carrée, ainsi que leur dénouement, illustrent cette proposition. Elle ne parvient pas à comprendre durablement cette notion. L'acquisition reste fragile, se dérobant sans cesse. Les explications à teneur purement mathématique n'améliorent en rien la situation. Carina les comprend, les retient un instant, mais à la minute suivante, il n'en reste pas une trace. Ce qui survient ensuite dans notre travail concerne la racine, non dans son acception mathématique, mais dans les associations qu'elle amène. Les racines, pour la jeune fille, « c'est d'où on vient ». Ce questionnement la concerne au premier chef, et c'est ce à quoi elle pense d'abord à l'évocation du terme « racine ». A priori, cet autre sens n'a rien à voir avec le concept mathématique du même nom ; il semble plutôt en éloigner Carina. Pourtant, c'est ce qui va lui permettre de comprendre cette notion. Les émotions, les images, les questionnements qu'elle associe à l'idée de « racines » fournissent un substrat dont elle pourra *abstraire* la notion mathématique de racine.

Cela répond à la question posée plus haut. La « fantaisie » qui émerge des mathématiques ne me semble pas constituer une distraction. Ces images, ces émotions ne sont pas des hôtes indésirables détournant de la voie scientifique. À mon sens, elles font partie intégrante des mathématiques. On ne sera donc pas étonné que celles-ci y puisent une bonne part de leur vocabulaire.

En contrepartie, et comme preuve supplémentaire des relations étroites qui lient les questions mathématiques à celles de l'âme humaine, les mathématiques sont souvent, à leur tour, mises à contribution pour parler de l'humain. Elles fournissent à ce champ un véritable réservoir de vocabulaire. Ne dit-on pas « accoucher sous x » ? Ne parle-t-on pas de l'« équation personnelle » de quelqu'un ? Par la littérature – en particulier sous la plume de Proust –, les mathématiques rendent au centuple ce qu'elles ont emprunté, et dévoilent leur vraie nature : « Ne valait-il pas mieux que, de ces gestes qu'ils faisaient, ces paroles qu'ils disaient, leur vie, leur nature, j'essayasse d'en décrire la courbe et d'en dégager la loi[1] ? ».

Où l'on reparle du chiffre

Les mathématiques sont le royaume du chiffre. Opposé à la lettre, celui-ci constituerait une entrave à la parole. Dans le procès des « mathématiques inhumaines », il est le premier inculpé.

Le chiffre est-il vraiment la figure même de l'inhumain ?

Dans les bonnes maisons, le chiffre ornait autrefois les couverts raffinés : « entrelacement de lettres initiales[2] », il indiquait l'identité de leur propriétaire. Cette marque

---

1. *Le Temps retrouvé, in* Marcel Proust, *À la recherche du temps perdu*, Robert Laffont, coll. « Bouquins », Paris, 1996, p. 794.
2. *Le Petit Robert.*

personnelle ne se déchiffrait pas d'emblée. Du nom, elle ne livrait que les initiales. Et encore s'agissait-il d'abord de les désintriquer, de les distinguer en les sortant de leur entrelacement.

Il me semble que, en ce sens aussi, les mathématiques sont affaire de chiffre. Carina, en difficultés avec les racines, était entravée dans sa réflexion, non parce que les mathématiques ne lui étaient rien, ne suscitaient rien en elle – parce qu'elles étaient « inhumaines » –, mais au contraire parce qu'elles lui parlaient, la faisaient vibrer, la touchaient de près : elles rencontraient la question de son identité. C'est parce que ce substrat humain, personnel, des mathématiques n'était pas reconnu que Carina ne comprenait pas la notion de racine.

Ainsi, il est possible que la difficulté des mathématiques réside, non en ce qu'elles ne concernent pas l'humain, mais en ce qu'elles le touchent de très près. En faisant des mathématiques, on est sollicité dans son corps, dans sa parole, dans son imagination, dans ses émotions. On est sollicité dans ce qu'on a de personnel, de profond, parfois de mal connu, ou d'inconnu à soi-même. Éric, excellent élève de terminale, n'abordait jamais un contrôle de mathématiques sans une angoisse intense. Un jour, il fit un cauchemar : il était une inconnue dans une équation.

Il n'est, à mon sens, rien de tel pour se fermer la voie des mathématiques que de nier cet être profond, cet inconnu en nous, qui vibre au rythme de cette discipline.

Dès lors, il s'agit d'inventer une pratique qui permette de le reconnaître, de l'accueillir, de puiser en lui l'énergie de comprendre les mathématiques. On trouvera un peu plus loin quelques propositions pour un travail fondé sur ces principes.

3

Le prof de maths, cet inconnu

> LE PROFESSEUR. – Je me suis mal fait comprendre. C'est sans doute ma faute. Je n'ai pas été assez clair.
> L'ÉLÈVE. – Non, monsieur, la faute est mienne.
> IONESCO, *La Leçon*[1]

En bonne place parmi les doléances des élèves et anciens élèves conservant un souvenir cuisant des mathématiques, on trouve la figure de l'enseignant. Les élèves disent qu'ils auraient pu comprendre... si seulement on leur avait expliqué correctement ce dont il retournait. À écouter nombre d'entre eux, le professeur n'a pas accompli sa tâche d'une façon satisfaisante.

Philippe, historien, appartient à la légion des adultes « traumathisés ». Il ne tarit pas sur ses perplexités d'élève, sur les difficultés qu'il a rencontrées, les rancœurs accumulées contre les nombres, les formules... mais surtout contre les enseignants. Son calvaire mathématique – qui s'est poursuivi jusqu'à la fin de sa scolarité – a commencé lors du premier cours sur les nombres négatifs. Ce matin-là, Philippe revenait en classe après avoir été malade une quinzaine de jours. « Je n'ai rien compris parce qu'*ils* nous l'expliquaient d'une façon si

1. Ionesco, *La Leçon*, Paris, Gallimard, coll. « Folio », 1998.

compliquée... Si *on* nous avait parlé du thermomètre, des températures positives et négatives, j'aurais compris tout de suite. »

Marie-Laurence, peintre, remarque en ébauchant sur sa toile un compotier rempli de pommes : « *On* nous disait qu'on ne peut pas ajouter deux pommes et trois poires. Pourtant, ça fait bien cinq fruits, non ? Alors ? Déjà, c'était mal parti. »

Anciens traumathisés ou élèves actuels, nombreux sont ceux qui, tôt ou tard, en viennent à arguer de l'incompétence de leurs professeurs : « On » s'y est mal pris, « ils » ne se donnaient pas la peine d'expliquer vraiment. « S'*ils* avaient fait l'effort de parler français, il me semble que j'aurais compris tout de suite », dit Philippe.

Il n'est pas question d'émettre ici un quelconque jugement sur la compétence des professeurs de mathématiques. Chacun adopte un mode de travail particulier, qui peut convenir à certains élèves et moins à d'autres. Cependant, il est frappant de constater qu'au-delà de la diversité des pédagogues, les discours d'élèves se retrouvent souvent. Ils s'accordent en une mythologie à peu près constante que je propose à présent d'explorer.

Des êtres cruels

Ionesco nous servira d'abord de guide : l'épisode qui suit est extrait de *La Leçon* :

> *LE PROFESSEUR. – Dites-moi, seulement, si vous n'êtes pas épuisée, combien font quatre moins trois ? [...]*
> *L'ÉLÈVE. – Ça fait... sept ?*

Le professeur, avec une patience exemplaire, sonde les connaissances de l'élève. Il multiplie les exemples, tente d'expliquer, s'embrouille. Rien n'y fait : l'élève persiste à additionner au lieu de soustraire.

> *L'ÉLÈVE. – Je n'y arrive pas, monsieur. Je ne sais pas, monsieur.*

Le professeur ne s'avoue pas vaincu. Il poursuit :

> *– Prenons des exemples plus simples. Si vous aviez eu deux nez, et je vous en aurais arraché un... combien vous en resterait-il maintenant ?*

Cette tentative ne rencontre pas plus de succès que les précédentes. Qu'à cela ne tienne. Il se propose de poursuivre son entreprise en soustrayant une oreille à l'élève :

> *– Vous en avez deux, j'en prends une, je vous en mange une, combien vous en reste-t-il ?*

À cette réplique, la pièce de Ionesco remporte généralement un franc succès : le public du théâtre de la Huchette ne se tient plus de rire. Est-il transporté par un humour de grand guignol ? Séduit par le comique de l'absurde ? Ravi par le surréalisme d'une imagination morbide ? Ou le sadisme croissant du professeur de mathématiques lui évoque-t-il comme une saveur de petite madeleine ?

« Coupez vos doigts, mettez-les en tas sur la table. Vous serez incapable de savoir, par la vue seule, si vous n'en avez pas perdu dans l'opération[1]. »

Ce n'est plus le personnage de Ionesco qui parle ici, mais un véritable professeur de mathématiques. Denis

1. Denis Guedj, *L'Empire des nombres*, Paris, Gallimard, coll. « Découvertes », 1996, p. 15.

Guedj, pour illustrer la difficulté de dénombrer plus de cinq objets par la seule vue, n'hésite pas à se livrer sans anesthésie à une opération qui n'a plus rien d'arithmétique.

Dépeçage d'élèves, anthropophagie... Dans *Bianca*, le film de Nani Moretti, l'assassin est le professeur de mathématiques.

Jean-François, journaliste de trente-cinq ans, croit se souvenir qu'un professeur de mathématiques avait été renvoyé de son collège « pour cause de violence ». À bien y réfléchir, il rectifie son récit : il pense que ce souvenir est entièrement reconstruit. « Un pur fantasme. » Il n'empêche : s'il avait un enfant en âge d'aller au collège, Jean-François serait terrorisé à l'idée de rencontrer son professeur de mathématiques.

Cécile, puéricultrice, ne peut retenir un cri d'horreur vieux de vingt ans : « Mon premier prof de maths me faisait peur... Il me fichait vraiment la trouille. Il me faisait penser à mon dentiste. Quel sadisme ! »

La figure du professeur de mathématiques se distingue souvent par sa réputation de cruauté. Lorsque j'étais en classe de première, l'enseignant qui devait se charger de ma classe ne s'est pas présenté à la rentrée. Nous avons finalement appris qu'on nous attribuait un autre professeur, qui avait enseigné dans notre lycée quelques années auparavant. La classe tout entière a été secouée d'un frisson d'horreur : sa renommée faisait de M. Potry un être terrifiant, sortant de toute référence humaine. Il était issu des contes de notre enfance, s'apparentait à l'ogre qui dévore les petits enfants. Au cours des années précédentes, il avait même fait pleurer la sœur aînée d'une élève de ma classe. Cette sœur aînée était un autre personnage de notre mythologie : excellente élève dans les matières scientifiques, elle ne manquait jamais de nous dépanner, via sa généreuse cadette, lorsque nous « séchions » sur un devoir de mathématiques.

Aucun d'entre nous ne la connaissait vraiment, et seuls quelques-uns avaient eu le privilège d'apercevoir une ou deux fois cette jeune fille aux longs cheveux blonds, mais elle était le recours ultime, infaillible, en même temps qu'une incarnation de la gentillesse. Que M. Potry l'ait désignée comme sa victime suffisait à parfaire la légende.

Je repense aujourd'hui au gentil sourire de mon ancien professeur. Je n'ai pas le souvenir qu'il ait témoigné une once d'agressivité, cette année-là, envers aucun des élèves de la classe. Comment sa légende avait-elle pu se construire ? Aurions-nous plongé avec cette unanimité dans un tel pathos s'il avait enseigné l'histoire ou l'anglais ?

On pourrait multiplier les récits à l'envi ; le fantasme est là, solidement ancré dans l'esprit des élèves, mais aussi de certains enseignants : Denis Guedj, qui illustre sa leçon sur les nombres en proposant aimablement à son lecteur de se trancher les doigts, suggère que cette représentation ne lui est pas étrangère.

Le professeur de mathématiques serait un être cruel, redoutable. L'homme s'efface derrière l'ogre, la femme derrière la sorcière. Dans leur salle de classe, ils se muent en dangereux psychopathes, en assassins, en anthropophages. Cette impression est parfois si forte qu'elle peut susciter des réactions d'une violence extrême. On se souvient des exactions perpétrées par des élèves d'un lycée de Littletown, aux États-Unis, en 1999. Peu de temps après, un nouvel attentat fut fomenté – et déjoué in extremis – dans un autre établissement du pays : quelques lycéens avaient prévu d'assassiner le proviseur… ainsi que tous les enseignants en mathématiques.

Comment une telle image peut-elle émerger ? En quoi le professeur de mathématiques se prête-t-il à la construction de ce mythe ?

Il n'est pas impossible que le fantasme des atteintes corporelles trouve ses sources dans l'une des propositions émises au chapitre précédent : les mathématiques, construites à partir du corps, font l'objet d'une pratique qui dénie toute existence à ce dernier. On peut imaginer que cette répression constitue une violence subie par l'élève sans qu'il en ait conscience. Il l'attribuerait au professeur de mathématiques, fantasmé comme l'auteur de ces atteintes somatiques.

Cependant, la réputation de cruauté attachée au personnage de l'enseignant en mathématiques s'inscrit dans un portrait plus large qui le représente muni de pouvoirs démesurés, et entouré d'une aura inquiétante.

Le nocher Charon des mathématiques

Cécile fait remonter son « blocage » en mathématiques aux premières années de sa scolarité : « C'était comme un monde étranger. Je ne pouvais pas entrer dans ce monde-là. » Ici apparaît un nouvel aspect du professeur de mathématiques. Adepte du langage chiffré, champion de l'hermétisme, il est le nocher Charon de l'institution scolaire. « Cet homme ressemblait à un diable ! » dit encore Cécile : il est le maître du passage vers le monde ténébreux des mathématiques, décidant, suivant son caprice, des quelques élus (les « bons ») qu'il emmènera dans sa barque vers le royaume d'Hadès.

Le professeur de mathématiques se retrouve ainsi fantasmatiquement doté d'un pouvoir absolu. « C'était *magister dixit.* Sous prétexte de rigueur, ils disaient "on admet", et il fallait les croire sur parole », dit Philippe, soulignant que l'accès aux mathématiques, jalousement gardé par l'enseignant, ne pouvait être appréhendé par l'intelligence : c'était l'objet d'une croyance obscurantiste, d'un véritable culte.

Cela peut expliquer le doute qui surgit chez certains élèves, confinant parfois à l'interrogation métaphysique. Ainsi Joël, collégien de treize ans, rencontre un jour une difficulté dans la résolution d'un exercice de mathématiques. Sans envisager qu'il peut s'être trompé, il me dit d'emblée : « Peut-être que l'énoncé est faux ! » Et il poursuit sur sa lancée : « Peut-être que tout le cours du prof est faux ! Peut-être que tout le livre de mathématiques est faux ! » Joël met en scène un véritable séisme, une destruction complète des fondations de son univers mathématique. Douter du professeur revient à provoquer ce séisme, à perdre tout repère. Pour Joël, l'alternative est la suivante : foi du charbonnier ou chute dans le vide.

Comment ne pas redouter un tel professeur : personnage tout-puissant, et qu'on peut imaginer guidé par son seul caprice ? Comment se garantir contre cet être qui pourrait à sa guise construire de faux repères, de fausses bases ? (On sait d'ailleurs que le « changement de repère », et « le changement de base » sont le lot quotidien des matheux.) Qui sait si, grisé par son pouvoir, l'enseignant ne risque pas de bouleverser jusqu'au repère immédiat, fondateur, de l'anatomie humaine ? Qui l'empêche de décider, comme le professeur imaginé par Ionesco, qu'un élève est pourvu de deux nez – avant de s'employer à lui en arracher un ?

L'enseignant télépathe

Ici ne s'arrêtent pas les pouvoirs attribués au professeur de mathématiques. Il en est un autre, plus troublant encore.

Nombre d'élèves ont tendance à empiler les équations – et autres hiéroglyphes mathématiques – sans jamais y adjoindre la moindre phrase d'explication. Pourquoi cette absence de commentaires ? Peut-être ne comprennent-ils pas ce qu'ils écrivent – pas suffisamment, en tout cas, pour en expliquer la teneur ? Différentes hypothèses concernant ce silence sont formulées plus haut. La question du rapport entre élève et professeur permet d'avancer dans cette réflexion.

Héléna, élève en classe de troisième, me montre un jour l'une de ses copies, dans laquelle ce type d'empilement muet est de mise. Héléna est très déçue d'avoir obtenu une note faible, alors qu'elle a trouvé de nombreux « résultats » justes. Sa copie est traversée d'observations inscrites à l'encre rouge : « pourquoi ? », « justifiez », etc. Héléna ne comprend pas ce que son enseignant lui reproche.

Imaginant qu'elle n'est pas en mesure de fournir les explications demandées, je prends l'exemple de l'un des exercices du devoir en question, et je demande à Héléna quel raisonnement sous-tend son travail. À mon grand étonnement, elle me l'expose avec une clarté remarquable. Pourtant, ce devoir n'a pas été corrigé en classe : Héléna était donc déjà en mesure de formuler cela lorsque l'interrogation a eu lieu.

Pourquoi n'en a-t-elle rien fait ?

Héléna me répond que cela lui semblait inutile, puisque de toute façon, son enseignante savait très bien elle-même quelles démarches intellectuelles sous-tendaient ces calculs : elle-même n'aurait pas procédé autrement. Il était donc évident que le professeur connaissait *déjà* le raisonnement de Héléna. *Elle savait ce qu'Héléna avait pensé.*

Comment l'enseignante pouvait-elle être sûre qu'Héléna avait pensé cela ? L'élève aurait tout aussi bien pu recopier les calculs inscrits sur la feuille de sa voisine, ou simplement avoir appris par cœur une technique de résolution de ce type d'exercices, sans rien y comprendre... À ma remarque, Héléna semble surprise. Elle s'aperçoit qu'elle avait, jusque-là, toujours agi *comme si son professeur de mathématiques lisait dans ses pensées.*

Nombre d'élèves partagent cette croyance. Il n'est qu'à entendre leur rire réjoui – et, me semble-t-il, soulagé – quand je leur annonce solennellement que, contrairement à ce qu'ils croient peut-être, ni moi ni leur professeur de mathématiques ne sommes télépathes. Alors seulement, ils complètent de bonne grâce les explications tronquées qu'ils avaient d'abord émises en comptant sur moi pour deviner ce qu'ils voulaient dire.

Laure m'a récemment raconté que son professeur de mathématiques, agacée par une élève qui chahutait, lui a lancé à travers la classe : « Je viens de t'envoyer une gifle *par télépathie*. » Une fois de plus, il n'est pas exclu que les fantasmes des élèves à l'endroit de leurs enseignants soient partagés par ces derniers.

Pour ce qui est d'Héléna, l'évocation de ce « fantasme de télépathie » nous a progressivement ouvert une voie vers les sources de son « blocage » en mathématiques. Les difficultés que présentait Héléna étaient étonnantes : elle comprenait à peu près tout le cours, et était généralement en mesure de réussir les exercices qu'on lui soumettait. Cependant, ses notes restaient médiocres. En regardant l'une de ses copies, je remarque un jour qu'elle a résolu une équation du deuxième degré en utilisant la « forme canonique ». Pourtant, l'enseignante a demandé qu'une autre méthode soit utilisée : le calcul du « discriminant[1] ». Les solutions trouvées sont bonnes,

1. Cette « seconde » méthode est en fait une généralisation de la première. Elle demande moins de manœuvres, et est d'un usage plus simple.

mais Héléna n'a pas effectué le travail requis : elle n'a pas respecté les instructions du professeur. Héléna m'explique qu'elle préfère généralement emprunter une autre voie que celle qu'a recommandée l'enseignante : « Quand la prof me donne une méthode, ma logique est bloquée par sa logique », m'explique-t-elle. Elle n'a jamais éprouvé aucune difficulté pour calculer un discriminant – sauf cette fois-là. Elle ajoutera plus tard : « Quand on pense à ma place, je ne peux plus penser. » Il semblait que la pensée de l'enseignante, au lieu de fournir à la jeune fille un support lui permettant de développer sa propre pensée, ne parvenait qu'à entraver celle-ci, occupant la place qui lui était dévolue.

On retrouve ici l'idée de la « fantaisie impossible » en mathématiques, dont il a été question plus haut. Mais cette fois, il ne s'agit plus de justifier un ennui qui en découlerait. Cette réputation d'uniformité dans le raisonnement mathématique, de voie unique, conduit à une impression plus inquiétante : celle d'une impossible individualité de la pensée, d'une entrave à l'autonomie.

L'enseignant, auquel est parfois associé un fantasme d'agression corporelle (nez arraché par le professeur mis en scène par Ionesco, doigts coupés de Denis Guedj, etc.), apparaît ici comme l'auteur d'une atteinte qui n'est plus seulement somatique, mais cette fois psychique. Il « prend la place » de la pensée de l'élève, s'y introduit. Ici est représentée une véritable intrusion, comme si l'enseignant avait accès à l'intérieur de l'élève.

Peut-être est-ce ce que qu'entend Cécile lorsqu'elle compare le sadisme de son professeur de mathématiques… à celui de son dentiste – qui a accès à *l'intérieur* de sa bouche. On se rappelle d'ailleurs que le savant Cosinus[1] se prend (ponctuellement) pour un dentiste, et

1. *L'Idée fixe du savant Cosinus, op. cit.*

s'apprête à extraire la racine douloureuse de Mme Belazor. Le Nocher Charon lui-même ne consent à prendre dans sa barque, pour leur faire traverser le fleuve Achéron, « que les ombres de ceux qui portent *dans leur bouche* le prix de leur passage[1] ».

L'élève, en dédaignant la parole, les mots d'explication, instaure ainsi une situation qui permet à ce fantasme de s'installer. La parole constitue en effet le vecteur qui permet à chacun d'exprimer sa pensée, de clarifier sa position, et ainsi de prendre sa place, de se différencier de l'autre. Elle garantirait une distance protégeant l'élève de cette intrusion fantasmée. Elle ferait de la bouche un moyen de se séparer, en émettant son message. Au lieu de quoi l'absence de parole réduit la bouche à l'état d'orifice, d'ouverture, livrant le corps aux instruments du dentiste.

« Vous mourûtes aux bords où vous fûtes laissée... »

Professeurs de mathématiques cruels, omnipotents, doués de pouvoirs quasi médiumniques... On comprend que nombre de « traumathisés », en proie à de tels fantasmes, manifestent parfois des réactions violentes à leur évocation.

Pourtant, l'affaire est plus compliquée qu'il n'y paraît au premier abord. Cécile ne tarit pas sur l'horreur qu'éveillaient en elle de nombreux professeurs de mathématiques, et raconte à propos de l'un d'entre eux qu'elle se faisait « toute petite » lorsqu'il s'agissait de passer au tableau : « Je disparaissais, je ne voulais pas qu'il se souvienne de moi, je ne voulais pas qu'il m'interroge. »

1. Édith Hamilton, *La Mythologie*, Paris, Marabout Université, 1962, p. 37.

Pourtant, elle évoque un certain Mardi Gras lors duquel elle s'était rendue au cours de mathématiques déguisée. L'enseignant l'a remarquée et s'est adressé à elle durant ce cours. Elle ajoute, émue : « C'est la seule fois où j'ai réussi à exister devant lui ! »

Ainsi le monstre, l'homme terrifiant, la sorcière, est aussi, souvent, celui ou celle à qui les élèves demandent une attention toute particulière. Nombreux sont ceux qui, d'abord, se disent effrayés par leur enseignant, et manifestent à son égard une franche agressivité, pour en venir progressivement à mentionner avec amertume l'attention exclusive que celui-ci porte aux autres : les « bons élèves ». « On dirait qu'elle ne fait le cours que pour eux », se désole Laure, qui assure par ailleurs que « ça ne [lui] fait rien ».

Philippe, dont la rancune envers ses professeurs de mathématiques ne s'est jamais apaisée, regrette qu'on ne lui ait pas expliqué les nombres relatifs de la seule façon qui lui semble éclairante : en lui parlant du thermomètre. Or, il a manqué le cours en question parce qu'il était malade. Au lieu d'être présent en classe, il se trouvait dans son lit, vraisemblablement aux prises avec... le thermomètre. Aujourd'hui encore, il garde ainsi rancune à l'enseignant de ne pas lui avoir fourni l'unique explication qui, par le biais du thermomètre, aurait tenu compte de lui, de son état, de ses émotions, de ses préoccupations du moment. Le professeur de mathématiques dont parle Philippe est finalement coupable, non d'avoir été incompétent, mais de n'avoir pas *deviné* très précisément ce que son élève souhaitait entendre. C'est ainsi que s'est déclenché le « blocage » de Philippe – blocage qui a entravé son accès aux mathématiques jusqu'au baccalauréat : non parce que l'enseignant était omnipotent *(magister dixit)*, « télépathe », mais justement parce qu'il ne l'était pas suffisamment. Tel était son crime : il n'avait pas su lire dans les pensées de Philippe, s'adapter à sa demande muette. Il ne lui avait pas accordé l'attention intense que l'élève espérait.

Qui est finalement le professeur de mathématiques ? Un monstre puissant, redouté et abhorré ? Ou l'objet d'un amour déçu, coupable de ne pouvoir satisfaire cette demande muette des élèves, et rejeté par dépit ? L'élève attend-il de lui qu'il tienne au mieux son rôle, livre des explications claires et détaillées ? Ou espère-t-il qu'il se conduira comme la mère d'un nourrisson, toute-puissante, apte à deviner les aspirations de son enfant, et le mettant au désespoir si elle ne lui porte pas l'attention à laquelle il aspire ?

On est loin de l'« incompétence » invoquée de prime abord… Si le professeur a sa part dans l'échec en mathématiques de ses élèves, on ne peut pour autant mettre systématiquement en doute son travail. La question concerne davantage la façon dont va s'établir le contact avec ses élèves, et leur faculté à élaborer une relation constructive en composant avec ce contexte fantasmatique intense.

4

« Nul » en maths ?

« C'est le 1er janvier [...] que le jeune Brioché
poussa ses premiers vagissements. [...]
Consultée à son sujet, une somnambule extralucide [...]
lui découvrit la bosse du mouvement perpétuel.
D'où elle conclut logiquement qu'il serait un grand voyageur
ou un grand mathématicien, à moins qu'il ne fût affligé
de la danse de Saint-Guy... »
CHRISTOPHE, *L'Idée fixe du savant Cosinus*

Après la nature « inhumaine » des mathématiques et l'« incompétence » des enseignants paraît un troisième coupable, qui émerge de façon plus confuse que les précédents. Il s'agit de la « nullité ». Si on a des difficultés, des « blocages » en mathématiques, c'est parce qu'on est « nul ».

De prime abord, cet argument prête à rire. Pourtant, il n'est tautologique qu'en apparence, et mérite qu'on s'y arrête. Qu'est-ce qu'être « nul » ? Ce terme désigne-t-il simplement le fait qu'on rencontre des difficultés en mathématiques ? Ou s'agit-il d'un statut, d'une véritable identité ? Est-il possible de s'en extraire ? Est-ce souhaitable ? À quel prix ?

Être « nul »

« Il y en a qui sont naturellement bons en maths et d'autres pas. C'est comme ça. » Presque tous les élèves en difficulté émettent ce type de remarque, à quelques minimes variantes près. Les « bons », ce sont les autres. Si, pendant une interrogation, « les autres » écrivent, c'est qu'ils ont tout compris, tout trouvé. Le « nul » exclut d'emblée l'idée qu'ils puissent, eux aussi, se fourvoyer. Et, affligé par ce spectacle, il renonce d'emblée à faire au mieux de ses moyens. Il n'essaie même pas, puisqu'il est « nul » !

Carina, qui est pourtant venue me trouver pour que je l'aide en mathématiques, me disait régulièrement au début de notre travail : « De toute façon ça ne sert à rien : je suis nulle ! »

Et lorsque le soi-disant « nul » se surprend à comprendre un cours de mathématiques, réussir un exercice, ou obtenir une bonne note, il tient bien à préciser qu'il s'agit d'une anomalie. L'exercice était trop facile ; le cours faisait appel à des notions abordées l'année précédente, et ne contenait rien de nouveau ; le contrôle portait justement sur un point que le « nul », par coïncidence, avait bien revu la veille. Il n'en démord pas. S'il a, l'espace d'un instant, oublié d'être nul, il affirme que les choses rentreront bientôt dans l'ordre : il ne comprendra pas le prochain cours, il aura à nouveau de mauvaises notes.

Loin de moi l'idée d'accuser les « nuls en maths » de *faire exprès* de ne pas réussir. Je ne peux pas cautionner les discours qui accusent les élèves de « fainéantise » ou de « mauvaise volonté ». Devenir « bon en maths » n'est pas une simple question d'« effort » à fournir. Mais on ne peut s'empêcher de remarquer que la « nullité en maths » colle à la peau des élèves.

Le poids du déterminisme

Bien souvent, on considère que l'entourage (familial ou scolaire) a tendance à maintenir le mauvais élève dans sa condition de « nul », en tenant celle-ci pour une fatalité.

Ainsi, les élèves évoquent parfois la figure de l'enseignant qui « décide » dès le début de l'année qui est « bon » et qui ne l'est pas. Il s'en tient à ce jugement, attribue toujours à peu près la même note à chaque élève en se fondant sur cette échelle de valeurs hâtivement établie. Ainsi, Aurélien, qui avait mieux réussi une interrogation qu'à son habitude, s'est entendu dire qu'« une fois n'est pas coutume »...

La famille n'échappe pas à ce reproche. En effet, il arrive souvent qu'une mère justifie la « nullité » de sa fille par les difficultés qu'elle-même avait rencontrées lors de sa scolarité. Comme s'il allait de soi que la fille, nécessairement, devait suivre le même chemin que la mère... Par ailleurs, ce discours n'empêche pas cette mère de rechercher activement l'organisme ou le professeur particulier qui viendra en aide à sa fille.

Ces conceptions fatalistes semblent peu à même d'aider un élève dans son parcours. Comment prendre confiance, essayer de comprendre, dépasser ses difficultés s'il est écrit que tout effort sera vain ? On ne lutte pas contre son destin.

Cependant, le poids de l'entourage est-il si massif qu'on le prétend ? Une histoire circulait autrefois dans ma famille, à propos d'une « expérience pédagogique » menée dans une école primaire. Peu avant une rentrée scolaire, on avait fait à une institutrice une fausse confidence. On lui avait dit que quelques-uns des élèves qu'elle s'apprêtait à accueillir dans sa classe étaient d'un niveau exceptionnel. En réalité, ces élèves, qu'elle ne connaissait pas encore, menaient auparavant une scolarité « moyenne », sans échec massif et sans éclat particulier. On devine la suite : à la fin de l'année, ces élèves étaient en tête de classe.

J'ignore si cette expérience a réellement été menée. Elle me semble trop idéale, trop idéologiquement parfaite pour être honnête. Certes, l'opinion qu'on se forme a priori sur un enfant ne saurait rester sans incidence sur ce dernier. Si un élève s'entend dire depuis sa prime enfance qu'« on est mauvais en maths dans la famille », il lui sera sans doute difficile de mettre en cause ce conditionnement. Cela sera plus ardu encore si la sentence est formulée sous une forme plus insidieuse : « Chez nous, on est des littéraires » – ce qui signifie : les lettres sont, justement, nos *lettres de noblesse.* Des velléités scientifiques entacheraient cette vocation commune : comme disait le renard, qui ne pouvait atteindre les raisins d'une haute vigne, « ils sont trop verts, et bons pour les goujats... ».

Mais cette place primordiale accordée à des causes extérieures me semble tout de même à interroger. Elle rappelle l'idée suivant laquelle on serait mauvais en mathématiques parce que « les mathématiques sont inhumaines » ou le professeur incompétent. C'est la faute de l'autre, de l'entourage, du milieu, de la matière, de la société qui accorde une trop grande place aux mathématiques, des programmes qui sont mal faits, des enseignants, de la conjoncture, de l'esprit de compétition, de l'informatique...

L'élève est-il à ce point passif, perméable à l'opinion qu'on professe autour de lui ? A-t-on jamais transformé un élève qui ne lisait pas en lecteur assidu, simplement en lui répétant qu'il était un « littéraire » né ? A-t-on déjà réussi à convaincre un adolescent qu'il n'aime pas « traîner » avec ses copains en lui assenant que « ça ne se fait pas dans la famille » ? Pourquoi la célèbre « révolte adolescente », en vertu de laquelle chaque adolescent devrait prendre le contre-pied des attentes formulées par les adultes, ne vaudrait-elle plus lorsque ceux-ci lui suggèrent d'être mauvais élève ? Pauline, justement, a obtenu sa première bonne note en mathématiques à la suite d'une remarque méprisante de son enseignant. Ah bon ? Il n'avait que peu d'espoirs la concernant ? « Il va voir ce qu'il va voir », m'annonce Pauline, qui, en classe de seconde, est à peine venue à bout du programme de quatrième. Elle se plonge dans le chapitre sur la trigonométrie, et obtient... 17 sur 20, soit environ quatorze points de plus qu'à son habitude. Peut-être faudrait-il féliciter cet enseignant sceptique pour son intuition pédagogique ?

Dans la savante énumération des causes de son propre échec, l'élève est finalement le seul oublié. À supposer qu'il soit effectivement la proie des suggestions de son milieu, on ne songe pas à se demander comment il les reçoit, ce qu'il en fait, quel sens elles prennent pour lui. En justifiant sa « nullité » par des facteurs extérieurs, on le déconsidère complètement. On en fait véritablement un « nul », au sens où il ne compte pour rien dans ce qui lui arrive.

Il est aisé de rejeter la responsabilité d'un échec en mathématiques sur les parents et les enseignants. Cela peut éventuellement procurer un certain soulagement à d'anciens mauvais élèves, qui souffrent encore de n'avoir pas été entendus ni aidés par leur entourage. Mais cette dénonciation suffira-t-elle à tirer un élève de ses difficultés ? Peut-on prétendre l'aider sans comprendre ce qui se passe de son côté ?

Dès lors surgissent des questions différentes : comment l'élève fait-il son miel des « influences » qu'il subit ? Comment vit-il sa situation ? « Être nul » : comment l'entend-il ? Que représente pour lui sa position de mauvais élève ? Dans quelle mesure a-t-il envie d'en changer ?

L'avantage d'être constant

« Les équations, pouah, fit Saxel.
– Ah, Ah ! [...] Vous êtes sans doute de ceux, garçon un demi,
qui se vantent de ne rien comprendre aux mathématiques,
qui sont fiers de n'avoir pu franchir le pont-aux-ânes. »
Raymond QUENEAU[1]

On part toujours du principe qu'un mauvais élève *veut* « devenir meilleur », même si on s'accorde à dire qu'il n'est pas nécessairement prêt à « fournir les efforts nécessaires ». Une fois de plus, le premier intéressé est rarement consulté.

Si on lui propose une aide, l'élève pourra éventuellement donner son accord de principe – en particulier si cette aide ne prend pas une forme trop rebutante. Mais ensuite ?

J'ai rencontré Éléonore une seule fois. Elle était en terminale scientifique, et venait d'échouer à l'écrit du baccalauréat. Elle devait le surlendemain se présenter aux épreuves de rattrapage, et comme elle avait obtenu une note désastreuse en mathématiques, elle avait décidé de passer cette matière à l'oral. Je ne voyais pas bien comment nous pourrions tirer profit des deux heures dont nous disposions, mais nous avons tout de même commencé à aborder quelques notions avec lesquelles Éléonore ne se sentait pas familière. Chaque fois, je trouvais qu'elle se débrouillait très convenablement. D'ailleurs, ses résultats de l'année étaient plutôt bons.

Je comprenais de moins en moins. Que s'était-il passé ? Éléonore me raconta le déroulement de l'épreuve. Le premier exercice de l'énoncé proposait une formule assez

1. *Odile, op. cit.*, p. 28.

compliquée d'intégrale. À la ligne suivante, il était spécifié qu'on ne chercherait pas à calculer cette intégrale. De fait, l'exercice mettait en place une démarche progressive visant, finalement, à en trouver une approximation. Mais Éléonore, à la vue de cette intégrale, avait foncé tête baissée. Elle avait consacré une grande partie du temps de l'examen à essayer d'effectuer ce calcul (qui n'était pas demandé pour la simple raison qu'un élève de terminale ne pouvait en venir à bout).

Éléonore n'avait pas réellement besoin d'explications mathématiques. Elle s'était trouvée en difficulté faute d'avoir pris le temps de lire convenablement l'énoncé avant de commencer à travailler : je lui recommandai donc de bien lire les questions lors de l'épreuve orale... Mais, évidemment, il n'y avait là rien de nouveau pour elle, et mon conseil ne lui apportait pas grand-chose. Elle avait été distraite, elle n'avait pas cherché à comprendre le sujet, elle s'était laissé prendre par l'angoisse de l'examen... Comment pouvais-je l'aider à éviter que cela se reproduise à l'oral ?

Cependant, je trouvais cet accident étonnant. Je pouvais comprendre qu'Éléonore se soit précipitée pour tenter de calculer l'intégrale qu'elle avait sous les yeux. Mais, n'y parvenant pas, pourquoi s'était-elle acharnée ? Comment n'avait-elle pas eu l'idée de relire l'énoncé pour regarder plus attentivement de quoi il retournait ? En fait, elle me donnait l'impression de s'être purement et simplement sabordée. Je me demandai alors si elle tenait réellement à réussir son baccalauréat, et je lui posai enfin *la* question importante : que représentait pour elle le baccalauréat ? Que ferait-elle si elle l'obtenait ?

Si elle obtenait son baccalauréat, Éléonore irait étudier à Paris, où elle aurait une chambre à elle. Elle n'habiterait plus chez son père, en grande banlieue. Et elle ajouta : « Comme dit mon père : "si tu rates ton bac, ça ne sera pas si grave, après tout, tu resteras un an de plus avec moi !" »

Cette réponse jetait un nouvel éclairage sur notre problème. Il apparaissait que son issue ne dépendait pas uniquement de compétences en mathématiques. D'autres questions surgissaient. Éléonore était-elle prête à quitter son statut de lycéenne ? Souhaitait-elle partir de chez son père pour aller « vivre sa vie » à Paris ? Elle était en mesure d'obtenir son baccalauréat – son niveau scolaire le lui permettait amplement –, mais il lui restait à se demander si elle le voulait. Je n'avais pas songé à me poser cette question, tellement il était évident pour moi que *tout le monde* veut réussir son bac. Et c'est naturellement de cela que nous avons discuté.

Quelques jours plus tard, Éléonore m'a téléphoné. Elle avait réussi son examen, mais surtout, elle était plongée dans ses projets d'avenir. Elle n'était pas seulement devenue bachelière sur le papier : elle avait sauté le pas, elle était bachelière dans l'âme.

On objectera que ce cas n'est pas représentatif : Éléonore avait échoué à l'écrit du baccalauréat, mais elle n'était pas une mauvaise élève. Elle avait pour ainsi dire le « choix » de réussir ou d'échouer à l'examen. Mais les « nuls » ? Quel choix ont-ils ?

Quand je rencontre Joël, il est en cinquième. Il a depuis longtemps de mauvaises notes en mathématiques. Il se donne du mal, mais, malgré son sérieux, il patauge. Nous travaillons, et Joël progresse. Bientôt, il obtient une bonne note. Je suis ravie, mais Joël manifeste une joie plutôt modérée. Je le sens partagé entre la fierté de sa prouesse et une évidente contrariété. Qu'y a-t-il ? Il me répond, très angoissé, qu'à présent, il a « peur de chuter ».

Je comprends finalement que ses progrès récents placent Joël dans une situation instable qui l'inquiète. Auparavant, obtenir des notes très basses comportait certes des inconvénients, et c'est pourquoi il avait souhaité que je l'aide. Mais ces « mauvaises » notes lui garantissaient une sécurité que je n'avais pas soupçonnée. Joël avait trouvé un équilibre dans son statut de « nul en maths ». Une nouvelle interrogation ne remettait jamais en cause son titre : voguant dans les basses altitudes, il n'avait aucun doute sur l'issue des examens. En cas d'échec, il ne tombait pas de bien haut.

Sa bonne note mettait en cause cet équilibre. Non seulement Joël se trouvait éjecté de sa place de « mauvais élève », mais il n'était même pas sûr de l'avoir véritablement échangée contre un nouveau statut : celui de « bon élève ». Qui lui garantissait que la prochaine interrogation ne le ramènerait pas brutalement aux altitudes précédentes ? Chaque fois, il remettrait sa place en jeu. Avec sa bonne note, Joël se trouvait tout à coup confronté à un risque qu'il avait pu jusqu'alors éviter : le risque de chuter. Et cette perspective lui était particulièrement désagréable.

Ce cas n'est pas exceptionnel. Je ne compte plus les moments d'angoisse survenant à la première bonne note. Lorsque Carina m'annonce, avec une certaine agressivité, que je ne parviendrai à rien avec elle « puisqu'elle est nulle », je n'entends pas seulement proférer par sa bouche l'opinion de son enseignant, qui l'a « définitivement classée comme une mauvaise élève ». J'entends aussi une élève qui a peur de perdre un équilibre, une place à laquelle elle est habituée. Une élève qui redoute de troquer son statut peu valorisant mais sûr contre un statut inhabituel et fragile. Et gare à moi si je tente de l'en déloger.

Un jour, une étudiante me dit, évoquant son passé scolaire : « J'étais coincée dans mon cocon, dans ma bulle de mauvaise élève. » Le « nul », c'est bien celui qui a zéro : « la bulle ». Il est dans sa bulle, il bulle... Il flotte dans ce milieu aquatique, protégé. De même qu'il y a dans les hôpitaux des « enfants bulles », il y aurait dans les classes des « élèves bulles ».

Ainsi, plus encore que l'élève qui échoue, celui qui, paradoxalement, a souvent besoin d'être rassuré, est l'élève commençant à réussir. Progresser, ce peut être, pour lui, prendre un risque, expérimenter une situation inconnue et instable : sortir de sa bulle. Il me semble important d'accompagner et de soutenir l'élève dans cette prise de risque. S'il a obtenu une bonne note, elle sera peut-être suivie d'une mauvaise : un progrès ne constitue jamais un acquis définitif. Mais je crois important de lui rappeler qu'un échec ne saurait annuler un succès. Sa bonne note reste une preuve tangible qu'il lui est possible de réussir. C'est un jalon qu'il a posé, non un perchoir du haut duquel il risque de s'abîmer encore plus violemment qu'auparavant dans la fosse des mauvaises notes.

Une identité

Lorsqu'il fait des progrès, le « nul en maths » perd parfois davantage qu'un statut sûr et sans risque. De fait, la « nullité en mathématiques » peut constituer un élément important dans la relation à l'autre, et apparaît parfois comme un véritable appui identitaire.

Lucien est « nul en maths », alors que son père, polytechnicien, se sent parfaitement à l'aise dans cette discipline. Ce dernier est contrarié par les difficultés de son fils, qu'il a du mal à comprendre : les mathématiques lui apparaissent d'une simplicité enfantine. Mais Lucien, même s'il n'apprécie pas les mauvaises notes attribuées à ses copies, paraît s'accommoder assez bien de cette situation. Il a envie de devenir journaliste.

On pourrait imaginer que ses difficultés en mathématiques restreignent ses choix d'avenir, et excluent de son horizon diverses professions intéressantes. Cependant elles situent d'emblée Lucien dans une autre voie que celle de son père. Il est possible qu'elles lui permettent ainsi de se démarquer d'un modèle trop pesant. En se posant comme « nul en maths », le garçon trouve peut-être la possibilité de faire des choix personnels, et ainsi de se frayer son propre chemin dans la vie.

À quinze ans, Pauline, en classe de seconde, est elle aussi « nulle » en mathématiques. Son père est ingénieur aéronautique, et voudrait qu'elle lui emboîte le pas dans cette voie. Lorsqu'elle était enfant, Pauline ne demandait pas mieux, mais depuis son adolescence, elle a changé d'avis : elle veut s'orienter vers un autre métier – plus littéraire. Seulement, elle n'a jamais osé faire part de sa décision à son père : il serait extrêmement déçu. « Heureusement, me dit Pauline, je suis nulle en maths : il est exclu que je passe en terminale scientifique, donc la question ne se pose même plus. Je suis une littéraire, comme ma mère. » Mais, assez vite, Pauline fait des progrès en mathématiques, qui ébranlent cette certitude. Pauline me demande : « Si je deviens bonne en maths, est-ce que je ne risque pas de changer de nouveau d'avis ? » – entendre : se ranger à l'avis de son père.

Par sa remarque, Pauline indique clairement que son faible niveau en mathématiques ne constitue pas pour elle un simple inconvénient. En premier lieu, il tient un rôle important dans la dynamique de sa relation à son père. On n'en sait pas assez ici pour comprendre précisément ce que représenterait pour lui le fait que sa fille adopte son métier. Cependant, accepter cette orientation reviendrait d'abord pour Pauline, non pas à effectuer un choix personnel, mais à faire plaisir à son père, à aller dans le sens du désir de celui-ci – un désir qui pourrait peut-être s'entendre comme un équivalent incestuel : il ne s'agit pas de se retrouver dans le même lit, mais dans le même métier. Être « nulle en maths » procure finalement à Pauline une ingénieuse solution de compromis. Cela lui permet dans les faits de décliner la demande de son père, de ne pas se laisser emprisonner dans le désir qu'il manifeste. En même temps, ses difficultés en mathématiques évitent à Pauline de prendre la responsabilité de son refus. Elle ne dit pas « non » à son père, et maintient ainsi leur lien de proximité un peu ambiguë, auquel elle ne souhaite pas renoncer.

Par ailleurs, Pauline, du fait de sa « nullité en maths », entend s'orienter, non vers la profession de son père, mais vers un métier « littéraire »... comme sa mère. Ici se fait jour un autre « intérêt identitaire » du faible niveau en mathématiques : il permet à Pauline de se situer du côté féminin.

Cette conception des mathématiques revient souvent dans les discours. Laure, en classe de quatrième, est, comme sa mère, très angoissée par les mathématiques, et particulièrement en difficulté dans cette matière. Lorsqu'elle commence à progresser, elle s'inquiète : elle se demande « si c'est féminin d'être "bonne en maths" ».

Les mathématiques sont-elles incompatibles avec la féminité ? Nombre d'éléments semblent converger dans ce sens. Les terminales et classes préparatoires scientifiques sont majoritairement peuplées de garçons. Par ailleurs, on entend souvent l'affirmation qui associe les mathématiques à la « loi », puis la loi au père, ce dont il est immédiatement déduit que « les mathématiques, c'est le père ». Une mère d'élève, qui commençait un cursus universitaire en psychologie, m'a affirmé à l'issue de ce raisonnement que son enfant était donc mauvais en mathématiques « à cause de son père démissionnaire ». Ainsi, les mathématiques seraient l'affaire des hommes. Au passage, cela jette un éclairage singulier sur la fameuse « bosse » des mathématiques, qui prend pour ainsi dire le statut d'un signe de virilité.

Le propos n'est pas ici de délibérer sur la vérité de cette affirmation (nous y reviendrons plus loin), mais de prendre conscience de la force avec laquelle l'« inconscient collectif » associe mathématiques et masculinité. Une adolescente peut souffrir du statut de « nulle en mathématiques » ; mais peut-être trouvera-t-elle inconsciemment dans ce statut un appui, un point de repère dans sa quête identitaire : elle est « nulle en maths », c'est donc qu'elle est une femme. À ce stade, la perspective de progresser en mathématiques, même si elle paraît plaisante, risque également de déstabiliser l'élève en la privant d'un repère rassurant. Il se pourra alors que celle-ci, malgré toute sa bonne volonté, ne parvienne pas à améliorer son travail.

Entretenir sa nullité en mathématiques dans le seul but (inconscient) de garantir son identité féminine peut sembler absurde. Cesse-t-on d'être une femme quand on connaît des succès en mathématiques ? Cependant, à un âge où l'identité se construit – et en particulier l'identité sexuelle –, il peut être plus important pour une adolescente de se rassurer sur le chapitre de son identité que de collectionner quelques points sur un bulletin de notes. Quitte à laisser la bosse aux garçons.

Faut-il aider les élèves ?

Ainsi, la « nullité » en mathématiques ne saurait être réduite à un défaut, une carence, une pathologie à éradiquer sans état d'âme. Chaque élève a sa façon de la vivre, de la ressentir ; elle est chargée d'un sens qui lui est propre, même s'il n'en est pas nécessairement conscient. Elle est intriquée à sa vie : elle est une expérience qui lui appartient, détermine ses rapports aux autres, participe de son identité.

Dès lors, est-il souhaitable d'aider un élève à progresser en mathématiques ? Ne risque-t-on pas de le déstabiliser, de mettre en cause un équilibre précieux ?

Il me paraît exclu de refuser une aide en mathématiques à un élève qui l'a demandée. Si vraiment sa « nullité » tient une place fondamentale dans son équilibre, et s'il n'est pas réellement disposé à faire évoluer cette situation, j'imagine que, tout simplement, il ne fera aucun progrès. En outre, ce type d'équilibre, qui repose essentiellement sur un leurre, ne me semble pas souhaitable. Ne peut-on rien rêver de mieux pour un élève que de rester coincé à l'abri de la « bulle » de sa nullité ? Est-il bénéfique pour une adolescente de faire reposer sa féminité sur ses mauvaises notes en mathématiques ?

Cependant, décider d'aider un élève ne suffit pas : souhaiter absolument qu'il obtienne de bonnes notes peut conduire au résultat inverse, et, au passage, contribuer à le déstabiliser. C'est pourquoi il est fondamental de réfléchir à la forme que peut prendre ce travail. Il s'agit de concevoir une démarche qui permette à l'élève de progresser en mathématiques sans pour autant le priver de points de repères. Un tel travail n'entraverait pas la recherche d'équilibre de l'élève mais s'y intégrerait ; il lui procurerait un appui dans sa quête identitaire, en l'aidant à trouver sa propre façon de faire des mathématiques, de les ressentir, de les vivre. Par exemple, plutôt que de perdre, avec sa nullité, une preuve de sa féminité, une adolescente pourrait trouver une façon féminine de faire des mathématiques – il est possible d'accéder à l'égalité (des notes) sans pour autant nier la différence (des sexes).

Au fait, qu'est-ce qui « bloque » ?

À quoi attribuer l'échec en mathématiques ? La rumeur accuse tantôt un déterminisme biologique ou social, tantôt les compétences des professeurs, parfois encore la discipline elle-même qui n'aurait aucun lien avec l'humain en tant que tel. Et l'élève serait ainsi étranger à ses propres difficultés.

Ces mythes, explorés dans les pages qui précèdent, livrent finalement un contenu opposé à celui qu'ils arboraient initialement. Il est apparu que celui qui fait des mathématiques est concerné au premier chef. Il résonne en profondeur à cette pratique, qui met en jeu son corps, son rapport aux mots, ses émotions, ses fantasmes... Pratique dont le retentissement est tel que la figure du professeur en devient transfigurée, réinventée... Pratique dans laquelle le succès ou l'échec dépasse amplement la question des compétences scolaires et renvoie souvent à des problématiques personnelles, intimes.

Comment est-il possible de mener une activité en niant simultanément ce qu'on y vit, ce qui se passe en soi lorsqu'on la pratique, la façon dont elle se tisse au fil de l'existence ? Rejeter ce vécu comme un élément périphérique et encombrant, revient, à mon avis, à jeter le bébé avec l'eau du bain. S'absenter ainsi des mathématiques, comme c'est généralement l'usage, conduit à s'en barrer l'accès.

On pourrait comprendre ainsi le « blocage ». Il viendrait de ce qu'on n'écoute pas suffisamment ce qu'on ressent lorsqu'on fait des mathématiques. On leur refuse ce « substrat personnel » dont elles ne peuvent se passer. Dès lors, le corps nié revendique ses droits, et l'abstraction devient détestable. Les mots réclament voix au chapitre, et la « discipline muette » est fustigée. Les fantasmes, bâillonnés, privent de vie la matière dont on les a expulsés.

Le « substrat personnel » occupe le terrain mathématique de ses protestations ; il empêche la pensée de suivre son cours parce qu'on lui interdit de l'alimenter.

Ne pourrait-on concevoir un travail qui lui restitue sa place ? Un travail dans lequel ce vécu serait accueilli ? Il s'agirait simplement de permettre à l'élève de faire des mathématiques en respectant ce qu'il est : de faire ses propres mathématiques – ce qui ne signifie pas nier les lois mathématiques, mais accepter ce qu'il y ressent, et trouver sa propre façon de les pratiquer. L'essentiel ne serait pas de devenir un génie mathématique, ou d'obtenir des notes fabuleuses, mais de se trouver à l'aise dans cette discipline. D'être soi en faisant des mathématiques.

C'est en essayant de suivre cette ligne que j'ai mis en œuvre, dans le cadre de rencontres individuelles régulières, le mode de travail exposé dans les pages qui suivent.

II

VIVRE LES MATHÉMATIQUES

Vivre les mathématiques : cela semble un joli programme. Mais comment le mettre en œuvre ?

Je n'ai à proposer aucune méthode absolue, aucun modèle infaillible. Chaque élève est unique, et demande une approche originale.

On trouvera dans les pages qui suivent le récit de tentatives, de tâtonnements : la description d'un travail au quotidien[1] auprès d'élèves en difficulté – un travail dans lequel la pratique des mathématiques trouve un étayage dans l'être humain : dans son corps, dans sa parole, dans ses émotions et son imagination, dans ses fantasmes.

---

1. Ce travail a lieu au cours de rencontres individuelles, se poursuivant à intervalles réguliers pendant une durée allant de quelques mois à plusieurs années.

1

Prendre corps

Sindbad le marin est abandonné sur une île déserte. D'abord, il ne peut « distinguer rien d'autre que le ciel, la terre, la mer, les arbres, les oiseaux, le sable et les rochers ».

« Toutefois, en observant un point de l'horizon avec plus d'attention, je crus apercevoir un fantôme blanc et gigantesque. Alors, attiré par la curiosité, je descendis de l'arbre ; mais, retenu par la peur, je ne me dirigeai que fort lentement et avec beaucoup de circonspection de son côté. Lorsque je ne fus plus qu'à quelque distance de cette blancheur, je découvris que c'était un dôme immense, d'un blanc éblouissant, large de base et d'une grande hauteur. Je m'en approchai encore davantage et j'en fis tout le tour ; mais je n'en découvris point la porte d'entrée, que je cherchais. Alors je voulus monter dessus ; mais il était si lisse et si glissant que je n'eus ni l'adresse, ni l'agilité, ni la possibilité de m'y hisser. Je me contentai alors de le mesurer ; je marquai sur le sable la trace de mon premier pas, et je refis le tour en comptant mes pas. Je trouvai de la sorte que la rondeur exacte en était de cent cinquante pas, plutôt plus que moins[1]. »

---

1. *Les Mille et Une Nuits*, *op. cit.*, t. I, p. 703.

Le corps, une illustration des mathématiques

Lisse, inabordable, inaccessible, semblable à un fantôme : le mystérieux dôme blanc n'offre aucune prise. Sa description évoque le discours des élèves – ou anciens élèves – qui n'ont jamais réussi à « entrer » dans les mathématiques. Ils leur sont restés « étrangers », sont demeurés, comme Sindbad, à l'extérieur de ce mystérieux objet. L'« abstraction » des mathématiques fait d'elles un monde clos, une forteresse inexpugnable[1].

Au contraire de nombreux élèves, Sindbad ne se décourage pas. Il entreprend une démarche étonnante : il fait le tour du dôme pour en mesurer la circonférence. En recherchant ses dimensions, il trouve un accès à l'objet ; il en saisit quelque chose, s'en empare à travers l'un de ses caractères : sa circonférence.

L'unité de mesure est la longueur du pas de Sindbad. Il utilise ainsi le matériel qui lui est le plus familier, celui dont il dispose naturellement : son propre corps. C'est l'usage de son corps, l'expérience qu'il en a, qui lui permettent de produire la donnée mathématique qu'il recherche.

De la même façon que Sindbad se tire d'embarras, un élève peut trouver dans son corps un précieux allié pour aborder le terrain des mathématiques. À dix ans, Lise n'a jamais pu retenir ses tables de multiplications. Lorsqu'elle entend « trois fois sept », elle regarde au plafond, fronce les sourcils, se concentre. La question posée semble un stimulus dont elle voudrait produire la réponse immédia-

1. Le mystérieux objet est, on l'aura peut-être deviné, un œuf géant. Quelques mois après avoir écrit ces lignes, j'eus la surprise de lire que « les premiers stoïciens comparaient la philosophie à un œuf. Coquille : la logique... » (Chronique de Roger-Pol Droit, « De la logique à la sagesse », *Le Monde des livres* du 10. 11. 00).

tement, par un réflexe pavlovien. Elle propose quelques nombres au gré de ses souvenirs, et tente de se rapprocher le plus possible de la réponse en observant mon visage, comme si elle y lisait les indications d'une partie de cache-tampon : « C'est froid... ça se réchauffe... » L'expression « trois fois sept » ne signifie rien pour elle. Ce sont les paroles d'une comptine obscure dont elle ne se rappelle pas la suite.

Tout en réfléchissant, Lise joue du bout des doigts avec des « billes chinoises », de jolis palets en verre de couleur, dispersés sur le bureau. Je propose de faire les multiplications avec des billes. Lise est surprise. Elle ne voit pas bien comment on peut « *faire* trois fois sept avec les billes ». Je lui demande si elle peut taper *trois fois* sur la table, ce qu'elle fait avec plaisir. Rapidement, elle se saisit des billes qu'elle répartit en trois tas de sept billes : elle a disposé *trois fois sept billes* sur la table. La litanie s'est incarnée, elle est visible, palpable, et même audible (les billes manipulées s'entrechoquent). Lise tient littéralement dans ses mains la multiplication « trois fois sept ». « D'accord ! » s'écrie-t-elle. En prenant corps, la notion « abstraite » de multiplication a pris sens.

L'usage des billes n'est pas réservé aux plus jeunes : longtemps encore, il peut rendre de grands services. Ainsi, les notions de factorisation et de développement gagnent considérablement en clarté lorsqu'on les représente de la même façon.

On apprend en classe de cinquième que « la multiplication est distributive par rapport à l'addition », ce qui permet d'écrire : $3 \times (2 + 4) = 3 \times 2 + 3 \times 4$. Pour nombre d'élèves, cette écriture reste à l'état de hiéroglyphes. Ils observent attentivement la démarche du professeur, à la façon d'ethnologues détaillant, faute d'en saisir le sens, un rituel étrange d'une civilisation mal connue. Ils parviennent ainsi à décrire approximativement cette procédure :

« Une fois la parenthèse disparue, le signe qui la précédait se retrouve devant chacun des nombres qu'elle contenait. Le signe de la parenthèse, lui, se retrouve au milieu de la ligne d'opérations. »

Cette démarche, que ne désavouerait pas le narrateur des *Lettres persanes*, conduit certains élèves, comme Matthieu, quatorze ans, à écrire : « $3 + (2 \times 4) = (3 + 2) \times (3 + 4)$ ». Cette égalité respecte les principes établis lors de la phase d'observation... mais elle est fausse.

Il serait possible de faire remarquer à Matthieu qu'il a interverti les signes d'addition et de multiplication. Il rectifierait vraisemblablement son erreur sans sourciller et compléterait ses observations : « Le signe précédant la parenthèse doit être un "multiplié", et l'autre un "plus". » Il n'aurait pas mieux compris le sens de ce calcul, et s'il réussissait les exercices suivants, ce serait par la seule force de sa mémoire. La distributivité resterait pour lui une règle étrange, arbitraire, imposée artificiellement par l'autorité mathématique (incarnée par le professeur, le livre...).

Je ne souhaite pas colmater la brèche de ce système d'ethnologue amateur, en rectifiant l'erreur sur un mode descriptif, sans plus de commentaires. Il ne me semble pas plus pertinent de me lancer dans de longues et fastidieuses explications, qui ne feraient qu'ajouter l'abstrait à l'abstrait, et le vide au vide. L'addition, la multiplication resteraient pour Matthieu des signes sur le papier, des dessins sans signification à retenir et à reproduire.

Il me semble souhaitable d'aborder autrement la distributivité, en lui proposant un outil concret, des objets à manipuler, afin qu'ils lui servent de support. La distributivité, qui semble à Matthieu si étrangère, si loin de lui, peut se vivre. Il lui est possible d'en faire l'expérience, de découvrir qu'elle lui est familière. Les billes constituent à cet égard un outil de choix. Nous les utilisons pour construire les lignes de calcul dont nous nous occupons :

3 × (2 + 4) est fait de trois tas, composés chacun de deux billes vertes et de quatre billes bleues.

On voit alors très bien, en modifiant un peu leur disposition, que les mêmes billes permettent de construire 3 × 2 + 3 × 4 :

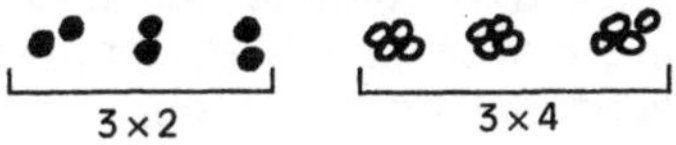

De même, la représentation en billes de la fausse égalité :
« 3 + (2 × 4) = (3 + 2) × (3 + 4) »
fait clairement apparaître l'erreur, sans qu'aucun « raisonnement intellectuel » ne soit pour cela nécessaire.

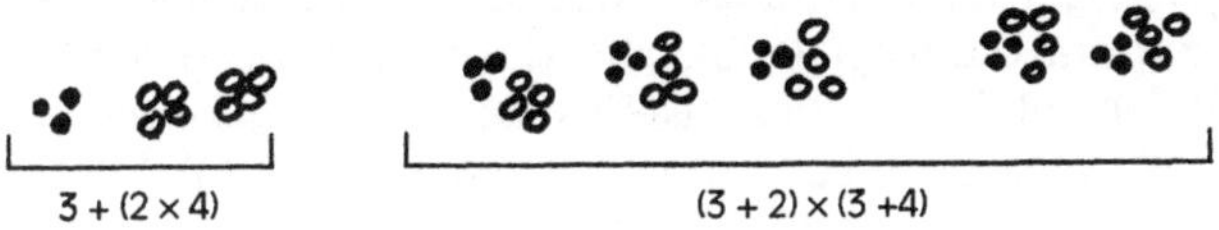

Une fois acquis le principe de « traduction en billes » de l'addition et de la multiplication, la factorisation et le développement deviennent pour Matthieu plus encore qu'une expérience physique : une évidence du corps. Le bon sens suffit, les mains « savent », et transmettent leur connaissance à l'« esprit ». Les écritures suivantes :

$3 \times (2 + 4) = 3 \times 2 + 3 \times 4$

ou

$3 + (2 \times 4) \neq (3 + 2) \times (3 + 4)$

sont désormais sous-tendues par l'expérience *vécue* avec les billes. Les « efforts de concentration » ou de « mémorisation » demandés à l'élève ne sont plus nécessaires.

Cette démarche produit souvent un effet réellement éclairant pour les élèves. Matthieu témoigne d'une satisfaction qui semble dépasser le cadre de l'expression que nous travaillons : ce sont les mathématiques dans leur ensemble qui sont concernées. Par cette pratique, elles ne relèvent plus d'un univers inconnu dans lequel Matthieu croyait n'avoir jamais ses entrées : elles sont accessibles, participent de son propre monde. Elles lui sont, d'une certaine façon, familières.

Tout matériel est ainsi susceptible de se prêter aux mathématiques. Une orange soigneusement coupée permettra d'aborder la géométrie dans l'espace, et d'observer la section d'une sphère par un plan. Les vecteurs seront joués par des déplacements de l'élève dans la pièce. Des galettes de pâte à modeler coupées en parts régulières permettront d'éclairer le chapitre des fractions. Ce n'est pas seulement la vue des galettes découpées qui sera éclairante, mais aussi l'ensemble des manipulations préalables : pétrir la pâte, la rouler en une boule régulière, l'aplatir, y imprimer le contour des parts, les couper ou les déchirer... Presque tous les sens sont sollicités : vue, toucher, odorat, ouïe... C'est le corps qui, le premier, « comprend ».

Une transition vers l'abstrait

Mais l'abstraction ? Les mathématiques ne sont pas « concrètes » ! Les élèves ne risquent-ils pas, les mains ainsi emplies de billes et de pâte à modeler, de se croire définitivement dédouanés de toute approche abstraite ? Ne vont-ils pas imaginer que le support remplace la pensée ? qu'il ne leur sera plus jamais nécessaire de raisonner hors du matériel, du concret ? Ne vont-ils pas s'attacher encore davantage aux éléments de représentation, aux dessins des exercices de géométrie, aux exemples illustrant leur cours ? En procurant un soulagement passager à l'élève, les billes ne l'éloignent-elles pas finalement des mathématiques ?

Cette inquiétude se modère en constatant que le passage des billes vers le langage mathématique ne présente généralement aucune difficulté. Un élève qui a « fait » des factorisations et des développements « concrets » en utilisant des billes formulera aisément ses manipulations dans l'écriture « autorisée », avec de « vrais » nombres. Cet accès relativement facile à une représentation symbolique indique en lui-même que l'élève n'est pas aliéné par l'abord concret qui lui a été proposé.

De plus, la faculté d'abstraire ne me semble pas une donnée définitive chez un sujet, qui la posséderait ou non, sans aucun espoir de changement. Au contraire, elle se construit par étapes, et n'est, à mon sens, jamais totalement acquise.

Le travail mathématique à partir de supports concrets peut contribuer à cette évolution. Ainsi, Nora, en classe de quatrième, se trouve en grande difficulté lorsqu'il s'agit de résoudre des équations. Elle a beau travailler, elle n'y parvient pas. Le « x », l'inconnue, ne prend pas sens pour elle.

Afin de lui permettre de se familiariser avec la notion d'équation, je propose à Nora une démarche différente. Je saisis une poignée de billes que je dénombre pour mon compte, mais sans les lui montrer. Ainsi, je sais combien de billes sont enfermées dans ma main, et Nora l'ignore ; mais elle sait que je sais. Je fais ensuite tinter les billes en secouant ma main, et lui demande, d'après ce qu'elle entend, de deviner approximativement le nombre de billes. Elle propose cinq billes (ce qui n'est pas loin de la vérité, et donne un premier ordre d'idées).

Je lui dis alors : « Si j'ajoutais quatre billes à ce que j'ai dans la main, j'en aurais onze en tout. » Nora réfléchit tranquillement. Elle ne manifeste pas l'inhibition qui la saisit habituellement lorsqu'il lui faut résoudre une équation présentée sous sa forme classique. Je ne sais quel cours suivent ses pensées, quel bricolage personnel elle met en œuvre, mais, rapidement, sans avoir apparemment rencontré d'obstacle majeur, Nora annonce que ma main renferme sept billes. Je déplie mes doigts pour que Nora puisse voir les billes et constater qu'elle ne s'est pas trompée.

Ainsi s'est opérée une première transition vers l'abstrait. Lorsque je cache les billes dans ma main, elles ont ceci d'abstrait que Nora ne peut ni les voir, ni les toucher. Je la prive par ma démarche d'un accès complet à ces objets. Cependant, elle me voit les tenir, et peut les entendre tinter dans ma main. Leur existence, leur présence est acquise. Ainsi, le raisonnement sera « mi-abstrait, mi-concret ». Nora réfléchit à propos d'objets qu'elle ne voit pas, mais ils sont là, tout près, en partie perceptibles. Cette disparition progressive, permet de former et de conserver un support sur lequel la pensée peut se déployer.

À ce stade, Nora a compris la notion d'équation, mais la formulation mathématique, faisant appel à la lettre « x », lui est encore inaccessible.

C'est pourquoi je propose de transcrire l'équation qu'elle vient de traiter en dessinant, à la place du « x », une main fermée en poing, qui cacherait quelques billes. On n'est pas loin du dessin de Saint-Exupéry, représentant la caisse dans laquelle se trouve le mouton du Petit Prince[1]. À l'écriture « x + 4 = 11 », qui répugne à Nora, je substitue le dessin suivant, qu'elle comprend parfaitement :

Une fois de plus, le concret, le corps, la main renfermant les objets, est là, mais en partie seulement. Nora en voit la représentation. Il s'agit presque d'un symbole au sens propre : la main renfermant les billes a été « coupée en deux[2] » ; le dessin n'en conserve que quelques caractères[3]. C'est en associant ce dessin avec ses caractères manquants (liés à l'expérience physique qu'il rappelle) que Nora peut en retrouver le sens.

Il ne restera plus alors qu'à remplacer le dessin de la main fermée par la lettre x. La substitution se fera progressivement : le « x » n'est qu'un pas supplémentaire vers l'éloignement du support concret. Par cette démarche, il conserve des traces de son « incarnation » : il est inscrit à la place où se trouvait, auparavant, la représentation de la main. Il est *abstrait* au sens étymologique du terme : il a bien été « tiré hors de » données concrètes. C'est ce mouvement, cette entreprise d'extraction, qui fait son caractère abstrait, et non l'idée qu'il devrait n'être d'emblée que pur esprit, entité vaporeuse, immatérielle et fantomatique.

---

1. Antoine de Saint-Exupéry, *Le Petit Prince*, NRF, Gallimard, Paris, 1951.
2. *Cf.* définition du *Petit Robert*.
3. Mon dessin, généralement plus qu'approximatif, tient déjà plus du symbole que de la représentation.

Ainsi s'installe l'abstraction, par des renoncements successifs.

L'histoire du calcul présente de ce point de vue un intérêt particulier.

« Apparu dans la langue française dès le XVe siècle (Nicolas Chuquet, 1484), le mot provient du latin *calculus* qui veut dire "caillou". C'est parce que les Grecs et les Romains apprenaient à leurs enfants à compter et à effectuer des calculs au moyen de cailloux [...] que le mot en est finalement venu à désigner l'une quelconque des opérations arithmétiques élémentaires[1]. »

De tels cailloux ont été retrouvés « dans des bourses creuses appelées "bulles". [Elles furent] utilisées depuis la seconde moitié du IVe millénaire av. J.-C. comme moyen d'enregistrement concret à diverses opérations de comptabilité dans les sociétés alors en pleine expansion de Sumer et d'Élam[2]. » Ces bulles servaient à comptabiliser les moutons d'un troupeau avant le départ du berger. Un comptable introduisait autant de cailloux que le troupeau comptait d'animaux « à l'intérieur du sachet d'argile. Puis, une fois la bourse obturée, il en couvrait la surface d'une inscription cunéiforme mentionnant soigneusement l'état du troupeau. [...] Au retour du berger, il suffisait de briser la bourse et de procéder, en présence de celui-ci, au compte des moutons au moyen des *calculi* qui y avaient été enfermés[3] ». Ces bulles constituaient ainsi une comptabilité fonctionnant simultanément sur deux modes : écriture pour les comptables lettrés, et compte « concret » pour les bergers vraisemblablement incultes. Progressivement, ces bulles d'argile

1. *Histoire universelle des chiffres, op. cit.*
2. *Idem.*
3. *Idem.*

ont disparu au profit des seules inscriptions, tracées sur des pains d'argile.

Les bulles ont ainsi procuré à la civilisation sumérienne un outil assurant une transition entre les « mathématiques concrètes » et une approche abstraite. L'abstraction n'a pas surgi soudain, toute constituée : il a fallu la construire.

Bulles pour les bergers, mains emplies de billes pour Nora : j'imagine volontiers que les bergers secouaient les bulles, écoutant le bruit des cailloux s'entrechoquant comme Nora le tintement des billes. Dans la conquête de l'abstraction, l'histoire de l'individu retrouve celle de l'humanité.

Le corps à l'origine de la pensée

L'usage de matériel concret est souvent considéré avec méfiance en mathématiques. Un argument revient sans cesse : cette pratique éloignerait de la sacro-sainte « pensée abstraite ».

Cette objection paraît peu solide : le recours à un support concret me semble au contraire ouvrir la voie à l'abstraction. Cependant, je ne suis pas sûre que ses détracteurs l'ignorent tout à fait. Il n'est pas impossible que cette raison en recouvre une autre, moins transparente, plus difficile à admettre. En effet, le recours aux objets matériels met en place un travail impliquant le corps. C'est généralement le recours à ce dernier qui, me semble-t-il, est placé au banc des accusés.

Ce procès du corps dans les mathématiques est monnaie courante, même s'il ne s'avoue pas ouvertement. Combien d'instituteurs des « grandes classes » demandent à leurs élèves de cesser de compter sur leurs doigts (parce que ce n'est « plus de leur âge… ») ? L'habituelle séparation du corps et de l'esprit reste de mise – et les mathématiques sont d'emblée admises du côté de l'esprit.

Un tel mode de pensée me paraît restrictif, et souvent dommageable. C'est pourquoi il me semble primordial de rappeler qu'en « donnant corps » à des notions mathématiques, on ne fait que retrouver le chemin naturel de la pensée, qui ne se constitue pas autrement que *par étayage sur le corps.*

Sindbad le marin, en faisant le tour de son mystérieux dôme blanc, nous en fournit une illustration parfaite. Il recherche la circonférence de ce dôme en comptant le nombre de ses pas. Si l'un des êtres immatériels, *genns* ou *éfrits*, qui peuplent les Mille et Une Nuits, avait agi de même, son entreprise serait restée vaine. Sa démarche, qui lui permet d'aboutir à une donnée abstraite, n'est rien de plus, finalement, qu'une comparaison entre son propre corps et l'objet mystérieux. Ce sont les limites de son corps qui lui permettent d'établir celles du dôme. S'il ne ressentait pas ses pieds, ses jambes, leur étirement régulier, son corps en mouvement, il ne pourrait mener à bien son entreprise. *C'est dans l'exacte mesure où il habite son propre corps que Sindbad est en mesure de produire une donnée abstraite.*

Concernant les mathématiques, j'ai évoqué le principe de la base dix, sur lequel repose tout notre système de numération. Nos nombres, si déconnectés soient-ils de toute donnée concrète (par exemple lors de diverses jongleries mathématiques), sont formés à partir de nos dix doigts. L'idée de Georges Ifrah suivant laquelle l'humanité compterait en base douze si l'homme avait douze doigts est remarquablement intéressante : le corps conditionne notre pensée.

Cette hypothèse n'est pas seulement cohérente, ou satisfaisante d'un point de vue intellectuel. La pratique des mathématiques permet régulièrement d'en observer les effets.

Aude a treize ans. Les équations représentent pour elle un mystère complet. Elle se penche sur l'énoncé suivant : « 10 – x = 7 » et me demande des explications, mais celles que je lui fournis ne trouvent pas d'écho chez elle. Je tente une traduction :

« À ton avis, 10 moins combien font 7 ? »

Sans succès. J'abandonne alors l'énoncé écrit et désigne les deux mains d'Aude, posées sur la table :

« Combien as-tu de doigts ?

– Dix !

– Et maintenant, regarde ce que je fais. »

Je pose ma main sur la sienne, de façon à cacher l'auriculaire, l'annulaire et le majeur. À présent, seuls sept de ses doigts sont encore visibles.

« Combien vois-tu encore de doigts ?

– Sept.

– Combien en ai-je caché ? »

Aude exulte :

« J'ai compris ! Il y en a trois ! »

Le cri de joie concerne non seulement la découverte des trois doigts cachés par ma main, mais aussi, simultanément, un lien établi avec l'exercice. Cette courte séquence déclenche ainsi chez Aude la possibilité de réfléchir sur le thème des équations. Nous pouvons désormais avancer sur ce terrain.

La démarche que j'ai initiée était simple : je suis seulement retournée à l'origine du « dix. » Aude a la sensation de ses dix doigts. C'est cette connaissance intrinsèque de son propre corps qui lui a permis de former la notion de « dix », puis de nombre. Celle-ci est encore défaillante, ou du moins trop fragile pour supporter les acrobaties des équations. Il apparaît donc cohérent de revenir à sa source, d'en rappeler la « base », pour refaire doucement le chemin.

Les mathématiques illustrent ainsi à merveille ce que Freud développe, notamment, dans *La Négation*[1]. Il y montre comment la « fonction intellectuelle de jugement », primordiale dans la constitution de la pensée, se fonde sur des sensations corporelles.

En particulier, Freud place, à l'origine de la pensée, les « motions orales : cela, je veux le manger ou bien je veux le cracher ». Cette intervention du corps à travers la sphère alimentaire semble confirmée par la pléthore d'exemples et de métaphores mathématiques relevant de ce registre. La soustraction amène souvent des histoires de pommes vendues, ou, mieux, mangées : « Combien en reste-t-il ? ». Les fractions permettent de partager des tartes et des pizzas. Les sphères sont souvent des oranges. Mon professeur de sixième, M. Varet, avait inventé, pour enseigner le calcul avec les nombres relatifs, le « jeu des caramels mous ». Et lorsque Édith, dix ans, se penche sur les deux cercles concentriques de son énoncé, elle s'écrie : « Oh, la jolie assiette ! ».

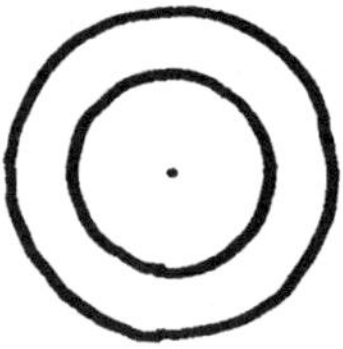

Pour « assimiler » une notion mathématique, comme on dit, il apparaît fondamental de reconnaître sa parenté avec le corps. Elle ne nourrira la pensée qu'à ce prix.

1. Sigmund Freud, « La négation » in *Résultats, idées, problèmes*, t. II, PUF, « Bibliothèque de psychanalyse », Paris, 1992.

Ne pas y mettre les doigts

En restituant au corps son rôle fondamental dans l'avènement de la pensée mathématique, on produit un effet extrêmement important. La sphère somatique, en effet, est habituellement réduite à la portion congrue dans le cadre scolaire. Les cours d'éducation physique sont peu valorisés, et, d'une façon générale, le corps n'a pas droit de cité dans les classes. Or, voilà des élèves qui, pour la bonne cause (comprendre les mathématiques, matière « noble », réputée du domaine de l'intelligence), sont encouragés, dans le cadre d'un travail psychopédagogique, à compter sur leurs doigts, à mesurer la pièce au moyen de leurs pieds, leurs mains, leur corps (« Combien de fois tiendrais-tu dans la longueur de la pièce ? »), à manipuler des billes, à tripoter de la pâte à modeler, à déchirer des bouts de papiers, etc.

Ces manipulations, ces mouvements dans l'espace, cette prise en compte du corps demandent aux élèves un certain courage. Souvent, ils refusent cette démarche : compter sur ses doigts, manipuler de la pâte à modeler, « ça fait bébé », disent certains.

Quel mal y a-t-il à « faire bébé » ?

Sans doute s'agit-il d'abord de ne pas ressembler à cet être qui dépend entièrement de ses parents : cette perspective serait particulièrement désagréable à la plupart des adolescents, revendiquant comme ils le peuvent leur autonomie.

Mais le bébé est aussi celui qui peut profiter sans contrainte, sans pudeur, des plaisirs que son corps est susceptible de lui apporter. Or, qui sait quel plaisir interdit pourrait apporter le corps, si on lui accordait la place qui lui a été jusque-là soigneusement refusée dans le travail scolaire ? Lorsqu'on demande à un enfant de cesser d'avoir recours à ses doigts pour compter, cette injonction rappelle l'interdiction faite aux enfants, comme au petit Hans dont parle Freud[1] : « ne pas y mettre la main » – c'est-à-dire de renoncer à la masturbation.

Le refus du corps, par exemple l'interdiction de compter avec les mains, s'apparente *de manière inconsciente* à une interdiction de la masturbation, du plaisir sexuel qui pourrait faire irruption dans le cours du travail intellectuel[2].

Un enfant qui compte avec les doigts est-il vraiment en danger de se trouver envahi par des émotions relevant du champ de la sexualité ? Est-il souhaitable de l'en protéger en lui interdisant d'avoir recours à son corps ?

Lorsqu'un professeur interdit à ses élèves de compter sur leurs doigts, il se trouve vraisemblablement pris dans une idéologie partagée, à laquelle sont peut-être mêlés ses propres fantasmes. C'est en lui (ou dans l'inconscient collectif) que réside le danger d'une émergence de contenus sexuels, même s'il attribue ces fantasmes aux élèves. Ainsi, croyant les protéger, il les empêche au contraire de progresser, en refusant qu'ils aient recours au corps pour étayer leur travail mathématique.

Cependant, si un élève à qui l'on propose un tel étayage le refuse catégoriquement, il me semble fondamental de respecter sa position. Il s'agit cette fois de ses propres appréhensions : il fait état de sa fragilité, ne se sent pas en mesure d'avoir recours au corps pour faire fonctionner sa pensée. Peut-être la question de la sexualité est-elle trop préoccupante pour lui – c'est parfois le cas, en particulier pour les adolescents. Il s'agit alors

1. Sigmund Freud, *Cinq Psychanalyses*, Paris, PUF, coll. « Bibliothèque de psychanalyse », 1979.
2. Cette association n'est pas si saugrenue qu'il y paraît : la question de la sexualité n'est pas étrangère au développement de la pensée. On reviendra plus loin sur ce point.

d'être en mesure d'inventer, et de lui proposer d'autres ponts vers les mathématiques.

Par ailleurs, le travail avec le corps, s'il est mis en œuvre, ne pourra se faire dans de bonnes conditions que si un cadre clair est posé. Le corps n'est pas ici une fin en soi : il est sollicité pour aider à bâtir des concepts, élaborer des notions abstraites. De plus, une parole est posée, des liens sont établis entre l'expérience faisant intervenir le corps et la question travaillée. Les mathématiques forment ainsi la limite protectrice ; elles garantissent contre les débordements, rassurent l'élève sur le fait que tout n'est pas possible.

Retrouver son corps dans les mathématiques

Le recours au corps, lorsqu'il peut être mis en œuvre dans de bonnes conditions, permet souvent d'importants progrès en mathématiques. Les notions travaillées prennent de l'épaisseur, au sens propre comme au figuré. Cependant, cette approche peut comporter un bénéfice supplémentaire : elle fait parfois évoluer le rapport de l'élève à son propre corps. Ce dernier, promu au rang de support de la pensée, se trouve valorisé, plus digne d'intérêt. Peut-être, également, les mathématiques permettent-elles d'aborder le corps dans des limites qui le rendent moins tabou, moins inquiétant, moins directement relié à la sphère de la sexualité.

Samuel, en classe de troisième, est grand, filiforme, assez raide. Ses gestes sont précautionneux, comme s'il redoutait à chaque mouvement de casser quelque chose. Sa voix est un peu hésitante : elle n'est pas franchement émise mais semble retenue ; elle ne résonne pas pleinement. En mathématiques, je remarque qu'il dit systématiquement « surface » à la place de « volume ». Dans un exercice où l'on donne la hauteur SO d'un cône (longueur du segment joignant le sommet au centre du disque de base, et passant donc à l'intérieur de l'objet), Samuel attribue cette mesure à [SA], segment qui part du sommet pour rejoindre un point du cercle inférieur, et reste donc en surface du cône.

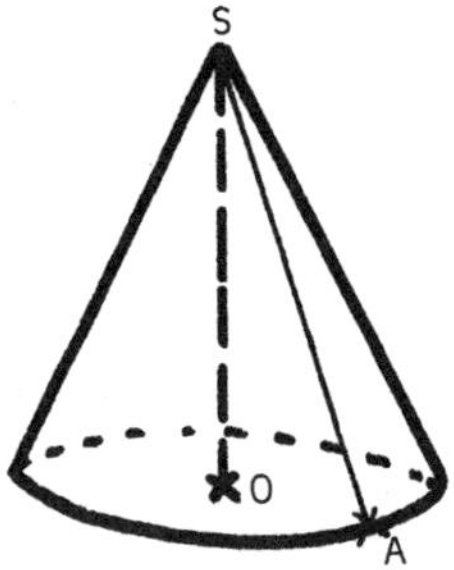

Ainsi, de différents points de vue, Samuel semble rester en surface. Il n'investit pas, n'habite pas l'épaisseur.

Un jour, il souhaite reprendre un exercice qui figurait dans son dernier contrôle. Il s'agit d'un carton de forme parallélépipédique, de dimensions 64 × 104 × 56 cm. On souhaite remplir ce carton de cubes tous semblables entre eux, et on demande quelle doit être l'arête de l'un de ces cubes pour que le carton en contienne le moins possible.

Samuel se souvient de la solution, donnée en classe : « Il faut calculer le plus grand commun diviseur (PGCD) », ce qu'il s'apprête à faire. J'interviens en demandant pourquoi *il faut* faire ce calcul, ce que représente le PGCD dans cette histoire de carton et de cubes. Il a du mal à me l'expliquer. À l'écouter, les objets dont il est question dans l'énoncé semblent immatériels. Je les

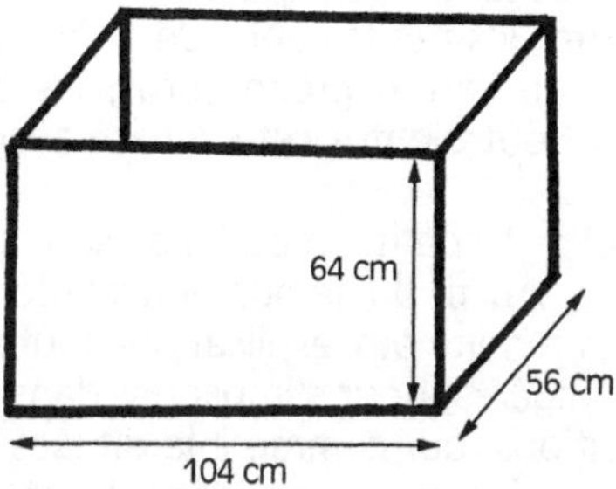

imagine faits de minces feuilles de papier, dont le léger assemblage s'aplatirait comme une crêpe si on lui assenait la moindre tape du plat de la main. Il sait calculer le volume du carton, mais la formule qu'il utilise n'a pas de sens pour lui. D'ailleurs, il donne le résultat en centimètres carrés, comme s'il s'agissait, encore une fois, d'une surface.

Nous commençons par travailler la notion de centimètre cube, d'abord par le dessin (représentation d'un cube de 1 cm de côté).

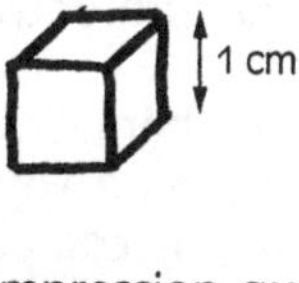

Mais je n'ai pas l'impression que ce dessin – quelques lignes à la surface d'une feuille de papier – produise un effet très éclairant. Je lui propose alors de fabriquer de tels cubes en pâte à modeler, ce qui semble lui plaire. Il s'y occupe longuement, avec de plus en plus d'habileté. Puis il construit, avec ces cubes, différents parallélépipèdes dont il donne le volume, non par un raisonnement immatériel et hésitant, mais grâce à la manipulation : il suffit de compter les petits cubes de 1 cm^3 dont ils sont faits. L'histoire du carton prend corps, les objets émergent. Samuel résout bientôt cet exercice avec facilité.

Samuel, petit à petit, modifiera son rapport aux mathématiques. Au fil du temps, il accordera une place de plus en plus réduite aux explications toutes faites, aux souvenirs non digérés, pour s'impliquer dans sa réflexion, suivre ses intuitions, ou, comme il le dit, ses « envies ».

Cependant, sa façon de considérer la pâte à modeler évolue aussi : alors qu'au début il la touchait du bout des doigts, Samuel la pétrit de plus en plus franchement, redoute moins de se salir les mains. D'une façon générale, il me donne l'impression de s'assouplir, de se détendre physiquement.

Ainsi, spontanément, de nombreux élèves se mettent à laisser exister leur corps pendant notre travail. Certains, plongeant leur main dans le saladier de billes posé sur le bureau, se massent ainsi les doigts. Aude, avant de jeter son dévolu sur l'une des pâtes à modeler pour faire des « tartes », hume chacune longuement, afin de choisir celle dont l'odeur lui convient le mieux. D'autres encore ponctuent leur travail de profonds bâillements qui les détendent et les apaisent.

Ainsi, pour faire des mathématiques non pas artificiellement, en répétant ce qu'on a appris, mais en essayant de réfléchir par soi-même, de comprendre véritablement, en étant à l'origine de sa propre pensée, il est primordial d'accepter d'être soi-même incarné. Pour faire vivre son intellect, le sujet doit d'abord respirer, sentir, ressentir, exister physiquement. Les mathématiques peuvent ainsi fournir l'occasion de faire une belle rencontre : celle de son propre corps.

2

Mettre des mots

« Si on avait pris la peine de m'expliquer
avec de vrais mots, il me semble que j'aurais compris. »
Philippe, ancien « traumathisé »

« Ce qui se conçoit bien s'énonce clairement... » On pourrait ajouter en retour qu'une formulation claire constitue souvent le chemin le plus sûr vers la compréhension. Par exemple, il est d'autant plus aisé d'aider un élève en mathématiques que celui-ci est en mesure d'énoncer ses difficultés. Souvent même, un élève capable de formuler des questions cohérentes et précises sur ce qu'il n'a pas compris n'a presque plus besoin d'aide. Il en vient assez rapidement à poser ces questions à son professeur, ou à toute personne ayant des connaissances suffisantes en mathématiques, ou même, dans la plupart des cas, il trouve seul la réponse.

Cependant, une parole claire est souvent difficile à instaurer en mathématiques. Des problématiques profondes, propres à chacun, en entravent fréquemment le cours[1]. Celles-ci pourraient faire l'objet d'un travail de psychothérapie. Mais l'approche proposée ici, même si elle accorde une large place à l'écoute, reste centrée sur

1. Ce point est détaillé dans la première partie de cet ouvrage.

les mathématiques : elle ne peut, à mon sens, se focaliser sur l'analyse de ces questions.

Faut-il alors renoncer à expliquer au moyen de mots ? abandonner tout espoir d'une parole éclairante en mathématiques pour les élèves qui ont des difficultés à la construire ? Cela me semble peu réaliste. L'élève resterait ainsi en circuit fermé avec ses problèmes, dans l'incapacité de les soumettre à quelqu'un qui puisse l'aider. Les difficultés, non formulées, auraient peu de chance de se dénouer. Elles resteraient enkystées, prisonnières au même titre que les problématiques inconscientes qui entravent leur énonciation.

La parole me paraît indispensable pour construire un accès au sens : l'abord par le corps et les objets, que j'évoque plus tôt, requiert lui-même des commentaires, des explications, une traduction permanente permettant de les relier au travail mathématique.

Cependant, s'il semble acquis que les mots, tôt ou tard, seront nécessaires pour construire des explications, il est naturellement exclu de les imposer d'emblée, d'une façon invariable, à chaque élève en difficulté, en imaginant que cela arrangera tout. L'absence, dans la pratique des mathématiques, d'une parole vouée à la compréhension, s'opère selon les élèves sur différents modes, qui ont chacun leur raison d'être, leurs causes profondes. Chaque style d'entrave à la parole demande une réflexion différente, et un travail particulier. Si la mise en mots des difficultés de compréhension et des explications est fondamentale, à mon avis, vouloir « faire parler » les élèves à tout prix n'a aucun sens.

Ainsi, il faut parfois être patient, quitte à renoncer provisoirement à la parole. Marie, réticente à parler d'une façon générale parce qu'elle se sentait trahie par les mots, ne pouvait accepter d'emblée d'énoncer ses difficultés. En le lui demandant, je n'aurais pas respecté son choix du silence, j'aurais compté pour rien sa position dans la vie. Il a fallu d'abord bricoler avec un minimum de mots, entre les billes et les équations, Thalès et les schémas... Un long travail a été nécessaire pour que s'instaure entre elle et moi une relation de confiance. Marie a pris le temps de s'assurer que je l'écoutais, que je lui laissais le temps de parler, de s'expliquer. J'ai fini par comprendre que chez elle, ses nombreux frères aînés l'interrompaient systématiquement (par exemple lors des repas), si bien que Marie avait progressivement renoncé à se faire entendre. Finalement, elle a pu me faire part de ses difficultés en mathématiques : elle a formulé des questions sur ce qu'elle avait mal compris.

Si une parole limpide est difficile à mettre en place en mathématiques, il arrive en revanche fréquemment qu'elle fasse l'objet d'une opposition moins forte, moins absolue que dans le cas de Marie. Même rendue difficile par des mouvements inconscients, une formulation précise de leurs difficultés procure à certains élèves un soulagement, voire une certaine libération. Avec ces élèves, il peut être fructueux de travailler à mettre en place un discours clair. Pour cela, le plus simple me semble, non de construire de toutes pièces cette parole, mais d'aller la chercher là où elle se trouve déjà : dans la vie quotidienne – par exemple dans leurs conversations au téléphone.

Le silence de l'agir, et le jeu du téléphone

Certains élèves semblent se représenter les mathématiques comme une *succession d'actes* : faire un dessin, exécuter une procédure, un geste. Leur discours est alors tout entier dévolu à la description approximative de ces actes : « On fait comme ça... On met x au carré... On place la règle dans ce sens-là... » Ce discours, réduit en fait à une énumération, revêt des allures explicatives qui masquent l'absence d'un véritable raisonnement logique.

Lorsque je demande à Déborah, douze ans, de définir des angles « adjacents », elle s'empresse de tracer un dessin : deux angles, qui, effectivement, ont un côté commun et le même sommet. Le côté du premier angle est horizontal, les autres montent au-dessus de cette ligne. Le sommet commun se trouve à gauche. Les deux angles sont en outre à peu près égaux.

« C'est ça ! » annonce-t-elle en désignant la page de son cahier. Je demande des explications : je souhaiterais savoir précisément ce que Déborah place sous cette dénomination d'« angles adjacents ». Deux angles sont-ils adjacents pour Déborah dès qu'ils ont un côté commun et le même sommet, ainsi que le veut la définition ? Ou considère-t-elle comme indispensables d'autres particularités de son dessin (sommet placé à gauche, angles égaux en mesure, etc.). À moins qu'elle ne soit beaucoup moins exigeante, et que deux angles soient adjacents pour elle dès qu'ils ont un sommet commun ? Les variations sont infinies, et l'imagination des élèves assez fructueuse pour inventer une multitude de notions fausses et de contraintes inutiles qui frisent la superstition.

« Quoi, *ça* ? Qu'est-ce qui fait que ces deux angles sont adjacents ?

– Ben, ils sont comme ça.

– Mais comment, *comme ça* ? »

Nous tournons en rond. Déborah établit une équivalence stricte entre son dessin, les gestes de la construction, et la notion d'« angles adjacents ». Elle ne comprend pas ce que j'attends d'elle.

Je souhaite aider Déborah à sortir de son dessin, à s'en éloigner, pour établir les principes généraux de la définition que nous travaillons. Mais comment lui permettre de concevoir une parole d'explication qui ne soit pas trop rivée au support visuel – une parole qui puisse s'en abstraire ?

Je pourrais fournir moi-même l'explication attendue : ce serait si simple... Une définition bien claire, ponctuée de « Tu comprends ? », « Tu as compris, c'est sûr ? », « C'est bien clair ? » – questions lâches auxquelles l'élève répond invariablement, sur des tons diversement convaincus, « Oui, oui... », soit par lassitude, soit parce qu'il pense sincèrement avoir compris, tant l'explication proposée a l'air simple, cohérente. Mais une telle démarche, dans laquelle l'élève se laisse passivement remplir, produit rarement en profondeur les effets de sens escomptés. Lucie Hannaux, ma trisaïeule professeur au lycée Fénelon, en usait peut-être ainsi avec ma grand-mère, qui venait chez elle se faire expliquer ses exercices de mathématiques : « Sur le moment, me confia ma grand-mère, je comprenais tout, c'était limpide. Mais le temps de traverser le Luxembourg pour rentrer me mettre à mon bureau, et je ne savais plus rien. »

Il faudrait que Déborah s'implique, se demande réellement ce qu'elle est en train de faire. Si je prolonge mes questions, je vais l'ennuyer irréversiblement, et elle ne voudra plus entendre parler du moindre angle. De plus, je risque moi aussi de me lasser, ce qui me mettra dans l'incapacité provisoire de travailler.

Je choisis de changer de registre. Puisqu'un travail conventionnel ne porte aucun fruit, je vais sortir des sentiers battus.

La jeune fille n'est que peu inspirée par les angles adjacents, et mes tentatives pour obtenir des explications sur ce thème restent vaines. En revanche, elle bavarde fréquemment en classe et passe de longues heures au téléphone avec ses amies.

Qu'à cela ne tienne. Je me saisis d'un crayon qui traîne sur le bureau, et, prenant le rôle de la camarade de classe qui a manqué le cours, je le place sur mon oreille comme si je tenais un combiné téléphonique :

« Allô, Déborah ? Peux-tu m'expliquer ce que ça veut dire, des "angles adjacents" ? »

Je m'amuse de l'étonnement de Déborah, qui a l'air plutôt contente. Elle croyait devoir passer encore une demi-heure laborieuse à s'acharner sur une obscure définition – qu'elle n'imaginait d'ailleurs pas comprendre davantage après nos efforts. Et voilà que je mets fin au supplice : je commence à jouer avec elle.

Passé le premier moment de surprise, elle se pique au jeu. Elle prend elle aussi un combiné téléphonique (un feutre) qu'elle applique sur son oreille pour me répondre et commence à me fournir quelques explications encore vagues. Cependant, assez rapidement, elle tente de nouveau de remplacer la parole par l'exhibition de son dessin :

« Il suffit de tracer un trait comme ça… »

Mais cette explication, qui, formellement, est la même qu'au début, a cette fois une portée bien différente. En me montrant ses gestes et son dessin, Déborah n'est plus l'élève en difficulté, qui ne comprend pas mes instructions et tente en vain de répondre convenablement, sentant à chaque tentative échouée tout le poids de ce qu'elle appelle sa « nullité ». Cette fois, elle est une adolescente qui joue. Elle a compris les règles du jeu que je propose (beaucoup mieux et bien plus agréablement que lorsqu'il s'agissait d'instructions pour un travail mathématique classique) : puisque je suis au téléphone, je ne peux rien voir de ce qu'elle me montre – ni son dessin, ni ses gestes. Lorsqu'elle persiste à me *montrer*, Déborah ne donne pas une mauvaise réponse d'élève en échec : elle triche, teste les limites du jeu. Son refus d'expliquer n'est plus du registre du « pas compris », mais d'une opposition vivante et drôle. Elle me joue un bon tour !

Gardant mon « téléphone » à l'oreille, je ne désarme pas, et lui tourne ostensiblement le dos :

« Ah, ce n'est vraiment pas de chance, mais mon Visiophone est en panne. Je ne vois rien de ce que tu fais, et je ne comprends toujours pas. Alors je fais comment, moi, pour tracer des angles adjacents ? »

Je ne suis pas une très bonne élève, et je ne saisis rien à demi-mot. Lorsqu'il y a une ambiguïté dans les explications de Déborah, je comprends de travers. Bientôt, guidée et amusée par mes questions naïves, me rabrouant à l'occasion, à la façon d'un enseignant agacé par un mauvais élève, elle formule une définition parfaitement claire. Déborah cesse alors d'elle-même le jeu, et manifeste un soulagement évident. Elle sent que cette fois, elle a vraiment *compris* ce que sont des angles adjacents.

La parole obturante, et le jeu du mauvais élève

« Les mathématiques, c'était *magister dixit*. »
PHILIPPE, ancien traumathisé

Lorsque certains élèves tentent d'expliquer les mathématiques, je ressens parfois une forte impression de vide. J'entends une « récitation », une suite de mots privés de sens, inertes, et non de la parole.

Ainsi en est-il de Germain : tout en s'enferrant dans ses dissections de valeurs absolues, il commente avec application. Les mots, les tournures mathématiques s'alignent. Il respecte la forme habituelle de résolution réservée à ce type d'exercices, séparant, comme c'est l'usage, différents cas de figure, sur des intonations que je devine être celles de l'enseignant. Sa démarche, pourtant, est fausse. Mais ce n'est pas cela qui me préoccupe au premier chef : surtout, Germain ne me semble absolument pas présent à ce qu'il dit. Ses mots n'ont aucune signification, aucune résonance pour lui. Si éloquent lorsqu'il me parle de sa vie, de la classe, de ses amis, Germain, en faisant des mathématiques, s'est subitement transformé en perroquet.

L'effet que son discours produit sur moi est très étrange, et désagréable. Il est construit à partir de mots, d'expressions parfaitement adaptés à la situation. Ce sont les mots, les expressions auxquels j'aurais moi-même recours si je devais traiter l'exercice dont Germain s'occupe. Mais dans sa bouche, ils sont comme privés de substance. Ils s'effondrent sur eux-mêmes. Ces mots, que je pourrais utiliser pour lui « expliquer » ce qu'il ne comprend manifestement pas, ont été « raptés » et neutralisés.

D'ailleurs, quoi qu'il en dise, Germain croit avoir « compris » ; il me montre qu'il sait comment procéder, et évite soigneusement les points qui lui sont obscurs. Tout occupé par sa démonstration, il n'émet, au fond, aucune demande. Son discours, dense, continu, ne laisse pas de place à l'incertitude, au doute. Par sa parole, faite de la matière que je pourrais choisir s'il m'était possible d'intervenir, Germain me « coupe l'herbe sous le pied ». Elle est fermée, n'ouvre sur aucune interrogation. C'est une parole obturante, une parole bouchon.

Il semble fasciné, hypnotisé, plongé dans une sorte de léthargie, un sommeil artificiel. Il est comme anesthésié, il récite, débite son texte. Il n'est plus sujet : ce n'est pas lui qui fait des mathématiques, il est le jouet des mathématiques. Il dit qu'il ne comprend rien, et dans le fond, il n'a pas tort : ce sont les mathématiques qui le comprennent... au sens propre. Elles l'absorbent, le digèrent. Il s'est fait phagocyter.

Il est difficile d'aider un élève lorsqu'il ne formule pas véritablement une demande. Germain se sait en difficulté : il ne peut ignorer qu'il a de mauvaises notes en mathématiques – et c'est pourquoi il a manifesté l'envie de travailler avec moi. Mais il ne me montre que les exercices qu'il a compris – ou du moins qu'il arrive à « faire » – et les devoirs qu'il a réussis (éventuellement en se faisant aider). En revanche, il évoque rarement les points sur lesquels il ne se sent pas à l'aise. Il semble que ses difficultés lui fassent honte, ou l'angoissent trop pour qu'il soit en mesure de les aborder de son propre chef.

Cependant, Germain ne pourra avancer en mathématiques que s'il accepte de travailler ses difficultés, ce qui suppose en premier lieu de les admettre, d'accepter leur existence, de les accueillir.

Puisqu'il n'est pas en mesure de poser des questions, ou de se montrer en difficulté, c'est moi qui vais prendre ce rôle. Je lui propose de jouer : je vais être l'élève qui n'a pas compris, et lui sera le camarade qui explique – par exemple, l'exercice sur les valeurs absolues.

Germain avait du mal à concevoir des questions, et ravalait celles qui lui venaient avant d'avoir achevé de les formuler : il les trouvait « idiotes », ou avait peur de s'entendre reprocher de mal savoir son cours, ou bien de ne pas avoir suffisamment écouté en classe. Mais je n'ai aucun de ces scrupules. Sans me gêner, je pose des questions qui, sous des dehors naïfs, abordent des points fondamentaux, et puisent aux sources des notions travaillées. Ces questions feraient mourir de honte Germain s'il devait les poser lui-même – alors que je sais pertinemment qu'elles le taraudent. Il s'amuse beaucoup de me les entendre formuler, non pour se moquer, mais, je crois, soulagé que les points qui le tracassent, et qu'il croit trop faciles pour faire l'objet d'une question, soient enfin abordés. Il semble aussi se réjouir de ce que je n'abandonne pas une question tant que je n'ai pas obtenu une réponse suffisamment claire à mon goût : je ne cherche absolument pas à ménager la susceptibilité de mon professeur improvisé ; je ne lui laisse pas croire que j'ai compris si ce n'est pas encore le cas. Je m'obstine, comme j'aimerais que les élèves osent le faire : « Non, non, non, je ne comprends toujours pas. »

Le jeu du mauvais élève, comme le jeu du téléphone, s'achève de lui-même à l'instant même où la notion travaillée s'éclaire. On peut inventer de multiples variations dans cet esprit : des jeux qui permettent d'intéresser les élèves, de les intriguer ou de les amuser sans pour autant les déstabiliser. Sous leur apparence récréative, ils permettent aux élèves de reconnaître et d'accepter l'existence de ces moments difficiles que font vivre les mathématiques – moments lors desquels on se sent « bloqué », incapable d'avancer.

Ces arrêts, indispensables pour ensuite parvenir à la compréhension, semblent d'abord sans issue. Pour les dépasser, il faut supporter un temps de flottement, d'incertitude. On quitte les rivages connus du faux sens bricolé pour se lancer dans le brouillard, sans aucune garantie de pouvoir en sortir. Cela peut générer une angoisse importante contre laquelle certains élèves se défendent en faisant comme s'il n'y avait rien à comprendre – en adoptant, ainsi que Déborah, un « discours de l'acte », ou en le vidant de son sens et en obturant ses interstices, à la façon de Germain. Le jeu du téléphone, ainsi que le jeu du mauvais élève, permettent peut-être aux élèves d'observer chez l'autre ces moments difficiles, de les appréhender, de les reconnaître en eux-mêmes. C'est en cessant de nier ces instants angoissants qu'ils parviennent à dépasser ce temps de sidération muette.

Donner la parole au sujet

Le travail en mathématiques a ceci de gratifiant qu'on est immédiatement averti du succès de l'entreprise – si succès il y a. Un élève qui a l'impression d'avoir vaguement avancé, ou qui tout simplement veut mettre fin à des explications fastidieuses, prononcera les paroles consacrées (« Oui, oui, c'est compris ») sur un ton qui ne laissera aucun doute sur son peu de conviction. En revanche, il se produit parfois un véritable « déclic », un bouleversement, une illumination soudaine, que l'élève ne manque pas de saluer par un « Aaah ! » libérateur. Cette exclamation vient des profondeurs des entrailles, du fond des poumons[1].

Le jeu du téléphone, comme le jeu du mauvais élève, produit souvent cet effet. Il me semble très important de remarquer que la compréhension, à ce stade, n'est pas seulement liée à une « explication » bien conçue, une parole techniquement cohérente que je servirais moi-même à l'élève. Un exposé clair pourra venir dans un second temps, mais, auparavant, il s'agit de parler le langage de la vie. Les jeux que je décris mettent au premier plan le ressenti : émotion, rire, appréhension ont droit de cité dans cette mise en scène. L'incongruité de la situation ouvre une brèche à l'humain, et permet de faire entrer en ligne de compte l'angoisse qui bloquait la parole.

1. Ce cri de victoire a même donné son titre à un ouvrage consacré aux jeux logiques : Martin Gardner, *Les "Haha", ou l'éclair de la compréhension mathématique*, Bibliothèque pour la science, Diffusion Belin, Paris, 1980.

Ce que Déborah trouve dans notre travail, ce n'est pas seulement la compréhension des angles adjacents, mais la façon dont cette compréhension se produit. Je n'ai rien expliqué. Nous n'avons pas construit artificiellement le sens de cette notion mathématique. Nous sommes allées le chercher là où il se trouvait déjà : dans la vie, dont pétillent les conversations téléphoniques de toute adolescente qui se respecte. Pour faire des mathématiques, Déborah se retirait de la vie, comme si ce travail ne requérait pas sa présence. Vivante et tonique le reste du temps, elle se transformait en machine, en zombie, perdant, dans cette technique de lutte contre l'angoisse, toute possibilité de comprendre les mathématiques.

Ainsi, l'essentiel n'est pas de « parler » dans l'absolu, mais de permettre, en faisant des mathématiques, l'émergence d'une parole du *sujet* – un sujet vivant, vibrant, sensible. Pour ouvrir cette voie, il est parfois intéressant de proposer à un élève, en difficulté devant un énoncé, de commencer par dire ce que cet énoncé lui inspire. Il ne s'agit pas de l'aborder d'emblée d'un point de vue technique, mais de chercher d'abord ce qu'il fait ressentir, les émotions qu'il suscite. A-t-il l'air ennuyeux, difficile, angoissant, bizarre, long, incompréhensible, désagréable, ou peut-être accueillant, amusant, sympathique ?

Une fois cette parole en place, il est possible de retrouver une façon plus classique de faire des mathématiques, par exemple en fournissant quelques explications, qui, cette fois, auront un véritable impact.

De plus, l'amorce d'une parole vivante contribue à tisser des liens, non seulement entre les concepts mathématiques, mais aussi entre les personnes. L'élève me considère d'un œil nouveau : je deviens un être humain, capable de rire et de le faire rire. Une rencontre a lieu, à travers laquelle il se porte davantage à l'écoute de ce qu'il est – de ses questions, de ses difficultés...

Et peut-être, sur cette lancée, rétablira-t-il aussi le dialogue – souvent mal en point – avec son professeur : il osera se manifester, intervenir, poser des questions en classe. Il pourra également, ainsi que je le suggère parfois, appréhender ses copies comme des missives, et rédigera ainsi des devoirs plus clairs, mieux argumentés : des devoirs réellement *adressés* à l'enseignant. Les commentaires et annotations du professeur seront alors mieux reçus, et permettront de réels progrès.

On ne peut toucher un intellect sans s'adresser au sujet : Marie qui, contrairement à son habitude, avait un jour compris les explications de son professeur, résuma efficacement ce propos : « C'est parce que là, *ça me parle.* »

3

Contes mathématiques
La fantaisie au travail

Les mathématiques, immatérielles, peuvent être étoffées, nourries du corps qui leur a vraisemblablement donné naissance.

On peut également apprivoiser cette discipline en lui restituant ses mots – en reconnaissant l'épaisseur de leur sens, et leur rôle de vecteur de la relation humaine.

Mais ces mots, une fois rétablis dans leur place légitime, ne sont pas nécessairement policés, respectueux, asservis au sens légitime, univoque, implacable des mathématiques. Ils ont leur vie, leur liberté. Ils se déploient, appellent d'autres mots, d'autres sens, d'autres discours. Il serait malhonnête de les restituer à cette discipline en rognant la plus grande partie de leur champ d'action. Ainsi, la racine carrée nous a précédemment conduits vers d'autres racines.

Parfois, au-delà des associations, un exercice ou un théorème se déploient en de véritables histoires. Des personnages surgissent, se rencontrent, s'affrontent... Comment se construisent ces récits ? Éloignent-ils des mathématiques, ou en dégagent-ils la quintessence ?

Blanche-Neige et la médiatrice, et autres contes

En classe de sixième, Édith s'exprime avec aisance. Elle parle volontiers, s'adresse à moi sans difficulté ; son discours est précis et nuancé. Pourtant, certains énoncés mathématiques lui restent obscurs. Il n'en émerge pas la moindre parcelle de sens, alors qu'Édith en comprend chaque terme, et qu'elle est familiarisée avec les notions mathématiques intervenant dans ces textes.

Par exemple : Édith sait que « la médiatrice d'un segment [AB] est formée par les points équidistants des deux extrémités de celui-ci, A et B ».

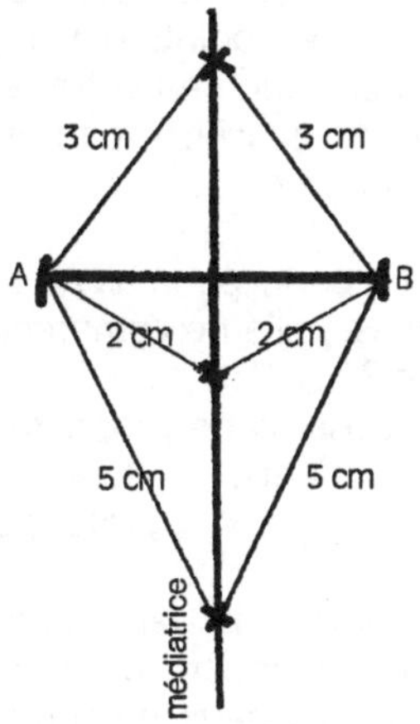

Elle sait également qu'il s'agit de la droite coupant le segment en son milieu, perpendiculairement.

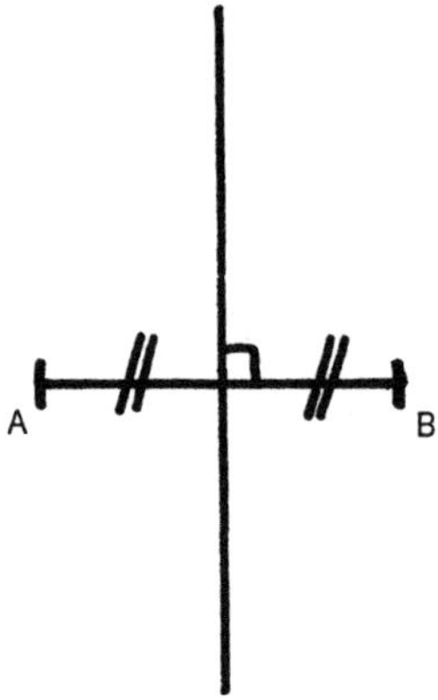

Cependant, une remarque de son cours la laisse perplexe : « La médiatrice délimite deux demi-plans, chacun d'eux étant constitué des points plus proches d'une des extrémités du segment que de l'autre. »

Ici, le demi-plan de gauche est formé des points qui sont plus près de A que de B.

Édith lit et relit l'énoncé : malgré son acharnement d'élève consciencieuse, elle ne comprend pas.

Comment l'aider ?

Je pourrais lui exposer cette propriété dans des termes plus simples, plus parlants. Ce faisant, je lui fournirais une explication « classique », « prête à consommer » qui la laisserait passive.

Je pourrais également la faire participer au travail d'explication en lui demandant de désigner un point M quelconque de l'un des deux demi-plans (par exemple celui de gauche) et en lui proposant de mesurer et de comparer les distances MA et MB. On renouvellerait l'expérience avec d'autres points M', M'', etc. du même demi-plan jusqu'à ce qu'elle remarque, plus ou moins

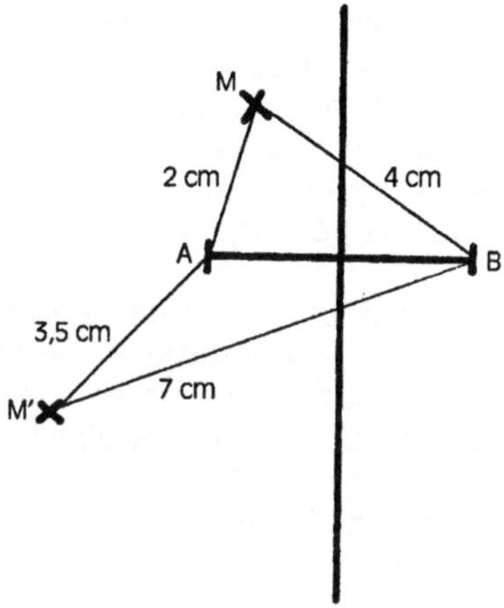

spontanément, que, ô merveille, ces points sont tous plus proches de A que de B (*cf.* dessin ci-dessus).

Il serait possible alors qu'Édith saisisse véritablement le sens de l'énoncé. Mais y aurait-il lieu de se satisfaire de ce seul résultat ? Avec mon aide, elle aurait emmagasiné une propriété de plus dans son bagage mathématique : la belle affaire ! Mais, s'appuyant sur mes indications, elle aurait seulement *participé* au travail d'explication. Elle n'aurait pas été à son origine, n'en aurait pas donné l'impulsion. Par mon intervention, je l'aurais privée du plaisir de comprendre par elle-même, et surtout je ne lui aurais pas permis de puiser dans ses propres ressources pour dépasser sa difficulté[1]. Je l'aurais ainsi empêchée de

1. Dans d'autres circonstances, ce type d'intervention est cependant susceptible d'engendrer des effets bénéfiques. Cela peut par exemple permettre à un élève en grande difficulté de faire l'expérience qu'il lui est possible de comprendre un énoncé mathématique.

prendre la mesure de ses capacités, qu'elle semble ignorer et qui me paraissent, à moi, évidentes.

De plus, cette intervention aurait laissé entière l'énigme que posait la difficulté d'Édith. Pourquoi ne comprenait-elle pas cet énoncé, alors que son niveau de langage et ses « capacités intellectuelles[1] » semblaient amplement suffisants pour lui en fournir la possibilité ?

Je tente d'intervenir en aidant Édith à aller à la rencontre de l'énoncé. Il est, en puissance, intelligible pour elle, mais *il ne lui parle pas.* Il n'éveille en elle aucun écho. Chaque terme est clair, mais l'ensemble reste lettre morte.

Je forme le projet de l'inciter à puiser dans son imagination pour investir personnellement ce texte, lui donner vie, l'habiter.

Nous sommes toutes les deux penchées sur son dessin : le segment [AB], et sa médiatrice. Je lui demande à quoi cela pourrait bien ressembler. « À un trait sur un cahier », répond-elle. Elle n'a pas tort. Je serais moi-même bien embarrassée si on me posait cette question : que peuvent bien évoquer deux lignes perpendiculaires ? Je suis un peu découragée : peut-être faudrait-il inventer autre chose ? Pour l'instant, je ne trouve rien de mieux. Peut-être suis-je un peu fatiguée : je tiens bon.

« Oui, d'accord. Mais encore ? »

Je n'ai toujours aucune idée sur ce que je pourrais moi-même voir dans ce dessin. À vrai dire, je ne cherche pas vraiment.

Peut-être ce petit moment de désinvestissement, cet instant de distraction paresseuse de ma part laisse-t-il à Édith un espace pour s'ouvrir à ses ressources personnelles,

1. Si tant est que cette expression signifie vraiment quelque chose : je reviendrai plus loin sur ce point.

et déployer sa vie intérieure. (J'ai remarqué que certains élèves avancent beaucoup dans la difficulté que nous travaillons lorsque nous sommes interrompus par la sonnerie du téléphone. Je me détourne un instant d'eux pour répondre, et, lorsque je reviens, le problème est résolu.) Très rapidement, Édith désigne la droite médiatrice.

« Ça ressemble à un sentier dans la forêt. »

Ça y est ! C'est parti – dans le sens où elle a réussi à partir, à s'éloigner de l'aspect purement mathématique du schéma pour prendre un chemin de traverse et s'autoriser à flâner. Le travail a commencé. L'imagination fournit une impulsion permettant de s'écarter de l'énoncé (au point de revenir, comme on va le voir, à son cœur même). Pour l'instant, nous ne sommes plus « en mathématiques », dans un univers cérébral et aride, mais dans la forêt, où la vie prolifère. Y aura-t-il des animaux ? Va-t-on y cueillir des mûres ? S'y perdre ? Me voilà réveillée et attentive : Édith m'a sortie de ma fatigue ; elle a fait surgir en moi mon propre chemin dans la forêt, avec des parfums de mousse et des bogues de châtaignes. J'attends qu'elle me parle de son chemin à elle.

Elle continue sur sa lancée, et un univers émerge des deux traits : « Le point A, ça serait la maison des gentils nains, et B, ça serait le château de la méchante sorcière. » Voilà le dessin habité. Édith n'est plus l'élève douloureuse penchée sur un énoncé incompréhensible : elle regarde à présent avec intérêt le domaine de Blanche-Neige, se réjouissant de la maison accueillante des sept nains, et frissonnant délicieusement à la vue du repaire de la sorcière.

Je lui demande dans quelle partie de la forêt elle préférerait se promener. Sans hésiter, elle désigne le demi-plan de gauche, qui constitue à présent la zone de la forêt dans laquelle on se trouve toujours plus près de la maison des sept nains que du château de la sorcière. Cette dernière tient sous son influence le demi-plan de

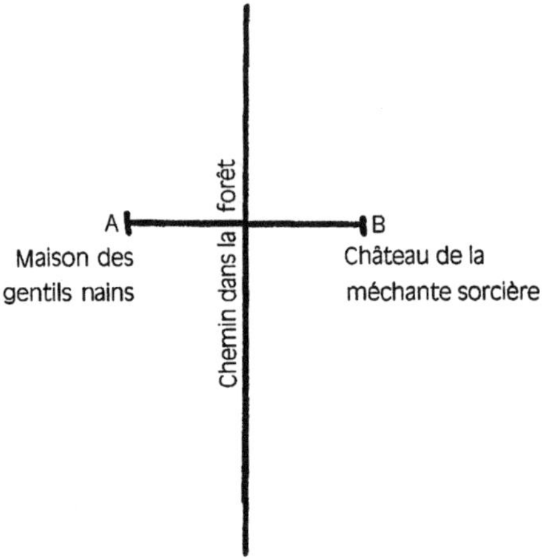

droite, devenu ainsi un territoire dangereux. Au passage, Édith remarque qu'en restant sur le chemin, on est toujours à la même distance des deux « maisons » (elle retrouve ainsi la définition mathématique de la médiatrice). « Ah ! J'ai compris ! » Ma dernière question n'était probablement même pas nécessaire : d'elle-même, Édith a fait le lien entre l'histoire dont elle vient de planter le décor et l'énoncé mathématique. La forêt redevient un plan, le chemin une droite, la maison et le château des points. Il est à présent évident pour elle que chacun des deux demi-plans délimités par la médiatrice du segment [AB] est constitué de points qui sont tous plus proches de l'une des extrémités du segment que de l'autre.

Les mathématiques, pour peu qu'on se laisse guider par sa fantaisie, se prêtent ainsi aux récits les plus variés, parfois puisés dans l'expérience quotidienne.

Ce sera le cas pour Alain, qui est en froid avec les parenthèses. Depuis des mois, il les oublie systématiquement, alors qu'il a très bien compris leur sens et leur utilité. Il rectifie facilement ses erreurs dès que je les lui signale. Pourtant, nous ne parvenons pas à comprendre ce qui fait barrage. Aujourd'hui, il travaille à résoudre un système de deux équations à deux inconnues.

(1) $x - 3y = 5$

(2) $2x + y = 17$

En travaillant la première équation, Alain obtient :

$x = 3y + 5$.

Puis il décide, avec raison, de remplacer x dans la deuxième équation par l'expression qu'il vient de trouver. Il écrit alors :

(3) $2 \times 3y + 5 + y = 17$

Il sait pourtant que ceci est faux. Il aurait dû écrire :

$2 \times (3y + 5) + y = 17$

En négligeant les parenthèses, Alain « dissout » l'expression $3y + 5$, par laquelle il remplace x. Ainsi, ce n'est plus la totalité de x (dans sa nouvelle expression) qui sera multipliée par 2 dans la seconde équation, mais seulement 3y, qui n'est qu'un « bout » de ce par quoi il remplace x.

En effet, « la multiplication est prioritaire sur l'addition » : la façon dont Alain a écrit *(3)* impose qu'on effectue d'abord la multiplication. En l'absence de parenthèses, la multiplication par 2 ne « concerne » que 3y, et non 5, alors que dans l'équation *(2)*, elle concernait x dans son entier.

Comme pour Édith précédemment, Alain dispose de toutes les connaissances et des « moyens intellectuels » requis pour rectifier son erreur. Mais si je la lui signale, il continuera à se tromper systématiquement. Il me semble que des explications mathématiques – qu'il connaît d'ailleurs déjà – ne lui permettront pas de se décoller de cette difficulté.

Alain est très versé dans l'art du football. Aussi, je tente d'inventer un scénario permettant d'adapter à ce champ les opérations mathématiques qu'il vient de mener. Puisque x forme un tout, 3y + 5 (expression par laquelle il remplace x) formera aussi un tout – à la façon d'une équipe de football. Et le 2 serait un joueur adverse qui, en se multipliant à cette équipe, risque de la disperser si elle ne fait pas front contre lui. Mon histoire est un peu bancale, mais Alain se montre indulgent : elle semble lui convenir. Je lui demande si ce que je viens de décrire existe dans les stratégies du football. Cette fois, il n'a plus la mine de l'élève consciencieux qui essayerait, malgré l'ennui que cela fait naître chez lui, de comprendre des théories arides. Il est éveillé, attentif, particulièrement présent. Il m'explique les subtilités de son sport favori : « Oui, bien sûr, ça existe. On appelle ça la solidarisation. L'équipe fait bloc contre l'adversaire. » Il décrit cette tactique et ajoute : « C'est à ça que ça sert, les parenthèses. »

Marc, lui, saisit enfin l'une des « règles des *puissances* » lorsqu'il transforme une ligne de calculs en une bataille d'engins spatiaux de *La Guerre des étoiles*. La trilogie de G. Lucas lui aura d'ailleurs fourni la matière de la plupart de ses récits mathématiques, où s'opposent régulièrement forces du bien et forces du mal.

S'éloigner des mathématiques ?

PIED-DE-NEZ

Ces constructions de récits paraissent de prime abord en contradiction avec l'essence des mathématiques. Comment concilier la « rigueur scientifique » avec l'imagination débridée qui court dans les histoires inventées ? Ne s'agit-il pas d'un détournement pur et simple ? D'un procédé pour quitter sans retour le champ des mathématiques ?

L'éloignement revêt en effet dans cette démarche une importance considérable. Lorsqu'on commence à construire un récit, à inventer à propos des mathématiques, c'est d'abord dans un mouvement de rejet. Il n'est pas rare que je prenne sur moi de manifester l'ennui que je sens chez l'élève – et qui d'ailleurs commence parfois à me gagner. Après avoir bâillé, je lance : « Bon, j'en ai assez de ces médiatrices (ou puissances, ou cosinus, etc.) ». Et j'ouvre la voie à l'imagination, soit en commençant à inventer une histoire, soit en demandant à l'élève de le faire.

Ainsi, souvent, la fantaisie mathématique[1] constitue d'abord un exercice d'irrévérence. C'est un pied-de-nez, un « tel est pris qui croyait prendre ». On règle son compte à une notion ternie, abrasée par les rabâchages successifs. Au lieu de se laisser phagocyter, de vouer son temps et son énergie à cette notion ingrate, d'en être l'objet, on va à son tour la prendre pour objet, l'utiliser, la plier à ses imaginations personnelles. On a bien le droit de s'amuser un peu.

La fatigue est évitée. L'ennui s'éloigne, on peut continuer à parler des médiatrices, des puissances – de cette notion mathématique qui se refuse à l'intelligence et menaçait de se dissoudre irrévocablement dans les brumes de la lassitude.

Cependant, le récit n'est pas une simple tactique démagogique, ou un subterfuge. Ce n'est pas une potion sucrée destinée à camoufler le goût amer de la pilule mathématique, une ruse pour faire momentanément oublier à l'élève ses souffrances et le maintenir malgré lui sur un terrain qui lui répugne. La fantaisie

1. J'appelle « fantaisies mathématiques » les récits (inventés ou reposant sur un épisode vécu), que font parfois émerger certains énoncés mathématiques.

mathématique, au contraire, est souvent très efficace pour éclairer une notion mathématique. Elle recèle à mon sens une véritable richesse pédagogique.

RESTER EN VIE

« Sur le tableau noir du malheur
Avec des craies de toutes les couleurs
Il dessine le visage du bonheur. »
Jacques PRÉVERT, *Le Cancre*

Adapter une notion mathématique aux caprices de son imagination (en sachant bien qu'on est en train de jouer) constitue d'abord un *mouvement de vie.* Les récits mettent en scène des personnages, des situations qui contrastent avec la sécheresse et la froideur généralement associées aux théorèmes mathématiques. Ces histoires parlent de l'humain, l'impliquent de façons variées. Elles sont faites d'émotions, d'agressivité, d'angoisse, de rire... Cela constitue un point fondamental : comment un élève anéanti, pétrifié ou simplement découragé par un énoncé mathématique pourrait-il être en mesure de mener la moindre réflexion ? La fantaisie mathématique contribue à assouplir le rapport à cet énoncé, à dédramatiser la situation, et parfois à en rire. Cet apparent « exercice d'irrévérence » permet de ne pas renoncer, de ne pas succomber sous le poids trop lourd des mathématiques, de tenter quelque chose. Il s'agit de se remettre à exister malgré cet obstacle qui paraît insurmontable. Le cancre de Prévert n'agit pas autrement : il se saisit du matériel pédagogique qui l'accable pour lui insuffler la vie, en représentant un visage sur le tableau noir.

RAISON ET SENTIMENTS

Cependant, les expressions de la vie sont souvent considérées comme encombrantes dans un cadre pédagogique. Ainsi, un élève qui « rêve » en classe s'expose à des critiques acerbes. On lui reprochera de « ne pas être concentré », sous le prétexte qu'au lieu de se passionner pour la multiplication, le théorème de Thalès ou les intégrations de fonctions, il pense à ses prochaines vacances, à ses premières idylles, aux conflits qui l'opposent à ses parents, à sa brouille avec son meilleur ami, etc. Peut-être devrait-on plutôt le féliciter ? Voilà un élève sain qui n'oublie pas de vivre ! Mais surtout, l'idée du « manque de concentration » me paraît inappropriée. Il me semble au contraire que si un élève éprouve le besoin de plonger dans ses « rêveries », c'est souvent parce que la matière étudiée l'emmène trop loin de lui-même. En pensant à sa vie, à ses émotions, il se concentre sur lui-même : il se recentre. Ainsi, on ne devrait pas dire qu'un élève n'arrive pas à se concentrer, mais qu'il n'arrive pas à se décentrer, à s'éloigner de ce qu'il est pour s'intéresser au cours.

La tradition a la vie dure, qui oppose raison et sentiments, émotions et pensée, « vraie vie » et intellect. Le raisonnement intellectuel serait par essence froid et dépassionné. J'ai le souvenir que ce principe constituait le postulat de base d'un test destiné à « mesurer le quotient intellectuel » des enfants. On leur soumettait un texte racontant par le menu des histoires sordides (de maladies, d'accidents, de blessés, je ne me rappelle pas précisément). Et il s'agissait pour l'enfant de travailler sur ce texte – de le résumer, ou peut-être de remettre les phrases en ordre, cela aussi, curieusement, je l'ai oublié. Comme, jeune stagiaire psychologue, je m'étonnais de ces horreurs, on m'expliqua que tout l'intérêt de l'épreuve tenait précisément dans le caractère déplaisant du texte : il s'agissait de tester la faculté de l'enfant à *faire abstraction de ses émotions pour continuer à réfléchir* !

Quel sens cela a-t-il d'imaginer que la pensée éclot lorsque la vie s'arrête ? Comment soutenir un instant cet idéal de l'élève « automathe » qui laisserait au vestiaire ce qu'il est pour arriver en cours comme une page blanche, un récipient vide, à remplir ? À considérer les émotions, le tumulte de la vie comme autant de « distracteurs », de contenus indésirables dont il faut faire table rase, on porte au pinacle un élève fantoche, inerte, mort.

Se rapprocher des mathématiques

JE SUIS DONC JE PENSE

Je ne suis pas en train de suggérer que les cours de mathématiques devraient être remplacés par des temps de parole où chacun serait invité à raconter les plus récents hauts faits de son existence. Cependant, il me paraît évident que les émotions, les ressentis constituent la matière même de la pensée. Ainsi, Édith, Marc et Alain, par leurs récits, semblent dans un premier temps s'éloigner des mathématiques. Ce faisant, ils se rapprochent d'eux-mêmes, de ce qui compte pour eux. Leurs histoires, leurs personnages sont puisés dans la matière même de la vie. Et ces récits, bien loin de constituer des « distracteurs », les conduisent au contraire au plus près des mathématiques. Ils constituent des métaphores particulièrement judicieuses qui permettent à leurs auteurs de comprendre au sens propre – prendre avec eux, en eux, la notion travaillée, l'intégrer à leur histoire – mais aussi au sens figuré : ils ont réellement saisi le sens de cette notion, sont désormais en mesure de s'y référer lorsqu'ils font des mathématiques. Le récit réussit là où des heures d'explications ont échoué. La notion ne leur est pas « entrée dans le crâne » – selon l'expression violente et intrusive qu'on entend si souvent : pour prendre un sens intellectuellement, elle a d'abord fait son chemin, a mêlé son fil à la trame de la vie. La vie n'a pas été choisie contre les mathématiques : elle les a alimentées.

DE L'AGRESSIVITÉ BIEN COMPRISE

Chacune des trois histoires citées met en scène une situation d'antagonisme : Blanche-Neige contre sa belle-mère, attaque et défense au football, *Guerre des étoiles*. Cela n'est pas, à mon avis, le fait du hasard : cette dynamique se retrouve dans de nombreuses fantaisies mathématiques, ce qui suggère qu'elle tient un rôle non négligeable dans l'efficacité du récit.

L'air réjoui de l'élève organisant ce conflit fictif éclaircit une part de ce mystère. Le récit constitue l'occasion rêvée d'exprimer l'agressivité que les mathématiques réveillent chez lui. Abandonnant sa position de victime passive, terrassée par des notions incompréhensibles ou par un professeur jugé plus ou moins sadique, l'élève ramasse le gant, et se lance dans la bataille.

Cette pugnacité s'observe indépendamment de la construction d'une fantaisie mathématique. Ainsi Rosine, au CM2, semble débordée par son cours sur les triangles, jusqu'à ce qu'on lui apprenne que « la somme des angles d'un triangle est toujours égale à 180 degrés ». C'est alors qu'elle se révolte : sa crédulité a des limites. Pendant des jours entiers, elle trace des dizaines de triangles dont elle mesure les angles. Rosine est bien décidée à trouver un triangle dont la somme des angles ne fait pas 180 degrés. Constatant l'échec de ses premières tentatives, elle persévère, déployant astuces et tricheries, pour finalement accepter cette règle à regret. Ce faisant, elle a exploré la question des triangles… sous tous ses angles, et ce chapitre ne présente plus de difficulté pour elle.

On se souvient aussi de Pauline, perdue dans les mathématiques depuis de longues années, traînant derrière elle d'insondables lacunes. Elle est un jour piquée au vif par une remarque désobligeante de son professeur : « Il va voir ce qu'il va voir ! » m'annonce-t-elle peu avant un contrôle sur les cosinus, auquel elle va obtenir sa première bonne note en mathématiques.

Cependant, l'opposition mise en scène dans la fantaisie mathématique ne constitue pas seulement un mode d'expression, un exutoire à une saine agressivité. Il me semble que cette opposition déclenche une dynamique indispensable à la réflexion mathématique.

Cette dernière ne peut, à mon avis, exister dans l'immobilité. Il me semble qu'elle nécessite un mouvement, un véritable déplacement : passage de l'obscurité à la lumière dans l'abord d'une notion, changement de point de vue sur un énoncé... Si l'on a tracé des triangles, il s'agit de les oublier un instant pour percevoir les droites parallèles qui s'en dégagent ; on met au premier plan une propriété à laquelle on ne pensait pas initialement, etc. Sans mouvement, l'évolution de la situation est exclue. Le « changement d'état » inhérent à la pensée mathématique ne peut se produire.

Or, il n'est rien de tel, pour déclencher un mouvement, que la tension entre le bon et le mauvais, la rencontre des ennemis ou des adversaires. De même que le vent résulte, si j'ai bien compris, de la confrontation entre deux masses d'air de températures différentes, l'une chaude et l'autre froide, le mouvement de la pensée peut être favorisé par l'opposition de deux valeurs antagonistes associées chacune à un élément de l'énoncé. L'offensive que représente la multiplication par 2 permet à Alain d'envisager *ce qui se passerait* (au sens d'une véritable action) si l'expression qui suit n'était pas entourée de parenthèses. La dynamique émotionnelle entraîne le mouvement intellectuel, et cela au point qu'une distinction entre ces deux catégories se révèle artificielle.

Ainsi, l'agressivité tient souvent un rôle salutaire dans la dynamique de la réflexion. À mon avis, le développement de la pensée est entravé par un contexte de neutralité ou d'indifférence. Pierre, en classe de cinquième, affirme ne rien comprendre aux mathématiques. Il dit aussi que les mathématiques l'indiffèrent : il ne les aime pas, mais il ne les déteste pas non plus. Je ressens dans son rapport à cette discipline quelque chose de statique, de très ennuyeux – presque mortifère – générant chez moi une fatigue incoercible. Impossible d'entamer le moindre exercice, de décortiquer la plus petite parcelle de cours : l'ennui dévore tout, et nous patinons. Il n'est même pas question d'inventer la moindre histoire, nous n'en avons pas l'énergie. Finalement, Pierre accepte tout de même d'émettre un jugement sur le caractère plaisant ou déplaisant de l'exercice que nous avons sous les yeux : le dessin est laid, l'exercice a l'air antipathique, cependant la mise en page n'est pas trop mal faite, etc. Ce jugement, l'implication qu'il induit, l'agressivité qui s'en dégage, génèrent enfin une dynamique qui permettra d'aborder la matière mathématique – au sens où l'on passe à l'abordage.

LES MATHÉMATIQUES, OU L'INVITATION AU VOYAGE

Il reste à s'étonner de ce que les fantaisies mathématiques jaillissent aussi facilement, et soient si parfaitement adaptées à la notion qu'elles illustrent.

Pour ce qui est de leur facilité à naître, il me semble que les mathématiques forment un tremplin idéal à un exercice d'imagination. Elles proposent en effet un corpus de règles, qui constituent autant de structures pour d'éventuels récits. Et leur caractère abstrait, vide de tout matériau tangible, ouvre la voie aux contenus qui inspirent les élèves. Ainsi la notion de médiatrice, et la répartition des espaces qui en découle, fournit une trame au scénario d'Édith en même temps qu'il lui laisse une complète liberté quant aux éléments concrets du récit.

La conception d'une histoire est d'autant plus aisée que les mots mathématiques, souvent polysémiques, invitent d'eux-mêmes à l'association, et s'accordent aisément aux mouvements de l'âme humaine. Par exemple, le terme d'*opposé* trouvera autant sa place dans un manuel de mathématiques que sous la plume de Proust. « La répulsion profonde que nous inspirent, plus encore que les êtres qui nous sont *opposés*, ceux qui nous ressemblent en moins bien[1]. » Et que dire des *limites,* des *inconnues,* des *complexes,* etc. ?

Ainsi les histoires poussent-elles aisément dans le terreau naturel des mathématiques. Cependant, comment expliquer que ces histoires soient d'emblée si adaptées aux notions qu'elles illustrent ? On n'oubliera pas, en effet, qu'elles sont conçues (ou adoptées, lorsque je propose une amorce) par des élèves, qui, en principe, n'ont pas compris l'exercice ou le théorème dont il est question – cela jusqu'à ce que l'histoire se forme, comme par enchantement, et jette un éclairage nouveau sur le point à démêler.

Cela pose la question de l'origine de ces histoires : comment sont-elles conçues ? D'où sortent-elles ? Quelles sont les sources profondes de ces fantaisies mathématiques ?

1. *Le Temps retrouvé, op. cit.*

4

La part du fantasme, ou les mathématiques du désir

Les parenthèses et la chambre de Judith

Alors qu'Alain connaissait le rôle des parenthèses, mais oubliait systématiquement de les écrire, Judith, en classe de cinquième, les ignore complètement. Lorsqu'elle calcule l'expression « 3 × (2 + 5) », elle s'y prend de la façon suivante : « 3 × 2 font 6, plus 5 égale 11. » En réalité, le calcul qu'elle a effectué correspond à l'écriture suivante : « 3 × 2 + 5. » Judith ne tient aucun compte des parenthèses, qui imposent de prendre d'abord en considération ce qu'elles contiennent : elle devrait effectuer l'addition 2 + 5, dont elle multiplierait ensuite le résultat par 3. Il est impossible que cette règle de calcul ne lui ait pas été exposée de multiples fois en classe. Cependant, Judith ne semble pas même en soupçonner l'existence. Les parenthèses n'ont pas plus de sens pour elle que des accidents d'écriture, ou des cils malencontreusement tombés sur sa feuille.

Restant pour l'instant dans le champ des mathématiques « classiques », je demande à Judith de calculer « 3 × 2 + 5 ». Je me demande si elle va s'apercevoir que je reprends la même expression que précédemment, mais en omettant les parenthèses. Je vois là une façon d'attirer son attention sur ces dernières, et de l'inviter à s'interroger sur leur rôle dans le calcul.

Elle exécute les opérations, et trouve de nouveau 11 : le même résultat (mais juste, cette fois), que celui qu'elle a obtenu lorsqu'elle a effectué l'autre calcul.

« Alors, tu trouves la même chose que tout à l'heure ?

– Oui, répond-elle, sans autre commentaire.

– Ça ne t'étonne pas ?

– Non...

– Tu as vu que ce n'était pas le même énoncé ?

– Oui.

– Qu'est-ce qui a changé ?

– Il n'y a plus de parenthèses.

– Mais ça ne change pas le résultat... Alors les parenthèses ne servent à rien ?

– Non... »

Non seulement Judith ne semble pas comprendre le sens des parenthèses, mais elle ne semble même pas intriguée. J'ai beau tenter d'éveiller son intérêt, de susciter son étonnement, elle ne manifeste aucune curiosité. Cette indifférence est inhabituelle chez elle, qui se montre généralement avide de comprendre. De plus, elle est studieuse, bonne élève dans les autres matières, et tient beaucoup à obtenir de meilleures notes en mathématiques : elle perd rarement une occasion de bénéficier d'un conseil et ne néglige généralement pas les pistes que je lui suggère.

Un peu plus tard, elle pose tout de même quelques questions. Je lui rappelle les règles de calcul concernant les parenthèses. Elle approuve, mais commet la même erreur dans le calcul suivant : elle continue à ignorer les parenthèses.

Pas plus qu'Édith ou Alain, Judith n'est en butte à des difficultés d'ordre « intellectuel ». En insistant un peu, je pourrais aisément parvenir à lui inculquer les notions qui lui font défaut. Mais à quoi bon ? J'aurais l'impression de la « gaver » (expression chère aux adolescents) comme une oie, de « faire entrer » de force des connaissances indigestes qu'elle absorberait pour quelque temps, sans pour autant en « assimiler » une miette. Et tout retomberait bientôt dans l'oubli.

J'opte pour une approche différente afin de conférer une certaine « épaisseur » aux parenthèses. J'essaie d'imaginer quelque chose qui, dans l'expérience de Judith, pourrait ressembler à des parenthèses, un élément qui tiendrait dans sa vie un rôle équivalent.

« Tu vois, les parenthèses forment comme une pièce, ou une maison. Les nombres entre parenthèses sont chez eux, à l'abri. C'est un espace qui leur est propre. Les autres nombres ne peuvent pas entrer comme ils veulent… »

Judith m'interrompt :

« Ah ben moi, je ne suis jamais tranquille dans ma chambre : mon frère entre tout le temps, et il ne frappe même pas ! »

Judith m'explique que sa chambre communique avec celle de son frère Fabrice, dont elle constitue la seule voie d'accès. Fabrice ne peut donc rejoindre sa propre chambre sans traverser celle de Judith, et apparemment il use sans retenue de ce « droit de passage ». Jamais il ne frappe avant d'entrer dans la chambre de sa sœur. Comme je m'en étonne, Judith me dit que la conduite de son frère l'indigne, et qu'elle lui a déjà demandé « sur tous les tons » de frapper, mais sans résultat.

Je n'interviens pas auprès de Judith en tant que psychologue et thérapeute, mais dans le cadre de ses difficultés en mathématiques. Mon rôle ne consiste pas à réfléchir avec elle sur la nature de sa relation avec son frère, qui les empêche l'un comme l'autre de se soustraire à cette trop forte proximité – Fabrice ne respectant pas l'intimité de sa sœur, et Judith ne réussissant pas à lui opposer un refus efficace. Je suis encore moins habilitée à travailler avec leurs parents les raisons pour lesquelles ils ont décidé de cette répartition des pièces dans leur grand appartement, et induit cette situation entre leurs enfants.

Mais dans le cadre de mon travail en mathématiques, il m'est tout de même possible de regretter que Judith ne soit pas en mesure de faire respecter son espace. Je lui dis qu'il me paraît difficile de comprendre que les nombres sont à l'abri dans leur chambre (les parenthèses) si elle-même ne l'est pas. Judith approuve du bout des lèvres, mais clôt la discussion en ajoutant que jamais son frère n'acceptera de frapper à la porte.

De temps à autre, au fil des cours, nous rencontrons de nouveau des parenthèses. La même butée réapparaît invariablement. Judith omet de les prendre en compte, et, lorsqu'elle tente de s'en dépêtrer, elle commet erreur sur erreur. Je renonce à lui parler de la chambre, et je cesse de m'acharner sur cette difficulté mathématique pour ne pas saturer Judith d'explications dont elle a été, à mon avis, suffisamment abreuvée.

Et un jour, à mon grand étonnement, Judith ne commet pas d'erreur : les parenthèses ne lui posent plus de difficulté. Je ne peux pas m'empêcher de demander à Judith où en est l'histoire de sa chambre. Elle me répond sur le ton de l'évidence, apparemment sans établir le moindre lien avec le calcul qu'elle vient de réussir (mais en comprenant très bien l'objet de ma question) : « Oh, mon frère frappe à la porte, maintenant. »

Inefficacité du récit ?

Cet épisode du travail avec Judith semble contredire les propositions émises au chapitre précédent. Pour Alain et Édith, l'évocation d'une situation réelle ou fictive conférait au concept mathématique un contenu qui l'éclairait instantanément. La notion de médiatrice avait pris sens dès le récit de l'histoire de Blanche-Neige.

Dans le cas de Judith, les parenthèses sont illustrées par une situation tirée de son expérience personnelle. Cependant, ce récit ne produit, du moins sur le moment, aucun effet de sens dans le champ des mathématiques. Les parenthèses restent incompréhensibles.

Cela est d'autant plus curieux qu'habituellement, la construction d'un récit fondé sur un espace clos – maison ou chambre – se révèle particulièrement éclairante lorsqu'un élève se trouve en difficulté avec les parenthèses. Et Judith sait, aussi bien que n'importe qui, ce qu'est une maison, ou une chambre... Est-il possible que cette fois, une notion en cours dans la vie quotidienne ne soit plus valide dès lors qu'on entre « en mathématiques » ? Nous apporte-t-elle la preuve que l'intelligence de la vie serait d'une essence différente de celle qui permet de faire des mathématiques ?

Cette question nous invite à écouter plus attentivement le récit de Judith. Elle évoque sa chambre, certes, mais, justement, *il s'agit d'un espace qui n'est pas clos.* Elle ne parvient pas à obtenir de son frère qu'il frappe avant d'entrer : sa chambre n'est qu'un sas, un lieu de passage ouvert aux intrusions de Fabrice. Judith, pour l'instant, n'a pas véritablement de lieu à elle, pourvu de limites claires. Dès lors, l'espace formé par les parenthèses fonctionne pour elle de la même façon que l'espace de sa chambre : il est comme poreux. Les arcs des parenthèses n'ont pas plus de sens, ne produisent pas plus d'effet que la porte de la chambre : ils ne constituent pas des limites, ne protègent pas leur contenu, ne le séparent pas des éléments extérieurs.

On retrouve ici la dynamique dégagée au chapitre précédent : la perception du monde, la compréhension de la vie constituent des métaphores singulièrement adaptées à la pensée mathématique.

Logique mathématique et logique du désir

Cependant, le cas de Judith n'est pas si simple. En effet, il est faux qu'elle ignore ce qu'est une porte, ou un espace clos. Elle sait parfaitement qu'il convient de frapper avant d'entrer dans une pièce, puisqu'elle est à même de me signaler que son frère néglige cette limite. De la même façon qu'elle-même peut frapper à une porte et attendre à l'extérieur d'être invitée à entrer, elle devrait logiquement être en mesure de se servir des parenthèses.

Mais il n'est pas question ici de n'importe quelle porte, ou de n'importe quelle pièce : il s'agit de la chambre de Judith. La clôture de *cet* espace ne prend pas sens pour elle. Comment expliquer cela ?

Elle dit souhaiter que Fabrice respecte son espace, sans parvenir à l'obtenir de lui. Mais le veut-elle vraiment ? Un peu plus tard, elle parvient à lui faire entendre cette demande : dès lors, il frappe avant d'entrer. Pourquoi ce changement d'attitude ? On imagine facilement qu'il accède à la demande de Judith lorsqu'elle la formule d'une façon convaincante – c'est-à-dire en étant elle-même vraiment décidée à faire aboutir sa démarche.

Pour cela, il aura vraisemblablement fallu qu'elle accepte l'idée d'une séparation entre son frère et elle, ce qui auparavant n'allait pas de soi. La porte mal fermée entre les deux chambres favorisait un partage d'intimité, une relation de proximité entre le frère et la sœur. Cette relation, que des enfants peuvent désirer, demande à être clairement interdite : ce rôle incombe aux adultes, et en particulier aux parents. Dans le cas qui nous intéresse, les parents de Judith et de Fabrice n'étaient peut-être pas en mesure de poser cet interdit : la disposition qu'ils avaient choisie pour les chambres suggère que l'idée d'une séparation, d'une limite entre leurs enfants n'était pas évidente pour eux. (Leur grand appartement permettait d'autres options quant à la disposition des pièces.)

Ainsi, tout en sachant que la porte de sa chambre constituait une limite à respecter, Judith, inconsciemment, ne désirait pas le savoir. Ou plus précisément, elle *désirait ne pas le savoir.* Aussi appliquait-elle aux mathématiques la logique de son désir : les parenthèses ne posaient pas plus de limites entre les nombres que la porte de sa chambre entre son frère et elle. Judith avait construit à partir des parenthèses une histoire qui allait dans le sens de son désir inconscient.

Les mathématiques de l'inconscient

Le « blocage » de Judith, son incapacité à prendre en compte les parenthèses, exprimait, en filigrane, un message issu de son inconscient : elle disait vouloir une porte fermée, mais elle ouvrait ses parenthèses à tout vent. Ce message formulait un désir qui habitait Judith à son insu. Elle ne savait rien de lui parce qu'il tombait sous le coup d'un interdit empêchant qu'il soit reconnu et formulé : il s'agissait d'un désir refoulé.

Différentes caractéristiques des mathématiques font d'elles un matériau de choix pour l'expression de tels désirs.

La formulation de désirs dans le langage des mathématiques est d'abord permise par la « ressemblance » entre cette discipline et la vie : nombre de situations mathématiques rappellent des situations humaines. Ainsi, la résolution d'exercices, l'étude d'un théorème suscitent souvent l'évocation plus ou moins consciente d'histoires, de récits, de situations vécues ou imaginées. La médiatrice rappelle à Édith le conte de Blanche-Neige, les nombres négatifs évoquent à Philippe des mesures de températures, les parenthèses s'apparentent à la porte de Judith, etc.

De plus, nombre de mots mathématiques sont polysémiques, et pourvus de significations relatives à l'expérience humaine (« racine », « inconnue », « limite », etc.). Ces termes favorisent la formation de liens entre ces deux champs ; ils incitent à un mouvement psychique d'association.

Si la plupart des désirs trouvent ainsi dans le matériau mathématique un langage pour s'exprimer, celui-ci n'est rien moins que transparent. Dans l'impossibilité de Judith à donner sens aux parenthèses, il était peu évident de discerner la teneur du message sous-jacent. Cette opacité constitue un élément favorisant l'expression d'un désir refoulé. Ce désir cherche avec force à se dire, et, simultanément, fait l'objet d'un interdit s'opposant à sa formulation. Le matériau mathématique en permet l'expression voilée, codée... chiffrée. Par ce mode de formulation, le désir est à la fois dit et caché.

De ce point de vue, certaines erreurs en mathématiques rappellent ce que Freud nous dit des rêves : « Ils sont les réalisations voilées de désirs refoulés[1]. » Par sa façon de traiter les parenthèses, Judith réalisait métaphoriquement, d'une façon voilée, son désir inconscient de proximité avec son frère.

1. Sigmund Freud, *Le Rêve et son interprétation*, Paris, Gallimard, coll. « Idées », 1973.

Cependant, le matériau mathématique, pour prêter sa voix au désir, est utilisé en dépit des règles qui le régissent : l'expression du désir refoulé à travers les mathématiques aboutit à la constitution d'une erreur, ou encore une « faute ». C'est ainsi que Judith, dès qu'un devoir porte sur les parenthèses, retrouve systématiquement ses copies bariolées de rouge par le professeur.

Ce ratage me semble un élément supplémentaire favorisant l'expression d'un désir inconscient à travers les mathématiques. En effet, l'idée qu'un tel désir se réalise supposerait la transgression d'un interdit absolu (dans le cas de Judith, il s'agit de l'interdit de l'inceste). Cette perspective représente une importante source d'angoisse[1]. Les mathématiques ont ceci de rassurant qu'elles formulent cet interdit : la jeune fille est libre de modeler à sa guise les parenthèses pour réaliser sous cette forme déguisée son désir inconscient, mais chaque fois qu'elle agira ainsi, ce qu'elle écrira sera erroné. Les mathématiques lui diront qu'elle *n'a pas le droit* d'écrire cela, elles feront limite, s'opposeront à la réalisation de son désir inconscient. L'interdit est ainsi rappelé de façon claire, sans ambiguïté.

1. Peut-être le terme de « faute » prend-il ici tout son sens, lorsqu'il est employé comme synonyme d'erreur. Ce terme associe à l'idée du manquement aux règles mathématiques celle d'une entorse à la morale : comme si l'erreur induisait une culpabilité de la part de son auteur. On peut imaginer que cette culpabilité supposée rende compte du désir interdit, qui, peut-être, se trouvait à la source de l'erreur.

« Blocages » : ne pas comprendre, ou trop bien comprendre ?

Des heures d'explications mathématiques, même techniquement irréprochables, pas plus que de longues séries d'exercices d'entraînement, n'auraient pu aider Judith à résoudre son problème avec les parenthèses. Au fond, Judith n'avait que trop bien compris ce qu'étaient les parenthèses. Elle les utilisait, à son insu, d'une façon particulièrement subtile et adaptée, pour formuler son désir inconscient. Et la force de ce désir maintenait l'erreur mathématique envers et contre tout.

Il arrive même parfois que certains élèves, sans le vouloir, « programment » leurs erreurs. Ainsi, Joël, en classe de cinquième, commettait erreur sur erreur lorsqu'il effectuait des additions de nombres relatifs. À y regarder de plus près, il est apparu qu'il ne se trompait que pour les opérations dont le résultat était négatif : il en recopiait mal l'énoncé, écrivait un nombre à la place d'un autre, etc., si bien que, comme par enchantement, le résultat devenait positif. Joël obtenait de mauvaises notes, mais échappait à l'angoisse violente que suscitait chez lui un résultat négatif. Ainsi, sans s'en apercevoir, il avait développé, dans le calcul avec les nombres relatifs, une compétence telle qu'il pouvait immédiatement deviner le signe du résultat, et, involontairement, inventer une erreur qui changeait ce signe s'il était négatif.

Il en va souvent ainsi des « points de blocage » en mathématiques. Lorsqu'un élève ne parvient absolument pas à accéder à une notion qui, en toute logique, ne devrait pas lui poser de problème, l'« acharnement pédagogique » (exercices en série, explications à répétition...) est souvent de peu d'utilité. De plus, il peut produire des effets néfastes qui, en définitive, iront à l'encontre de l'apprentissage. Constatant que ses explications ne sont pas suivies d'effet, celui qui les prodigue (enseignant, parent, professeur particulier) se sent incompétent. Il peut en outre s'énerver contre l'élève qui le tient ainsi en échec, ce qui n'arrange rien. Ce dernier se croira inintelligent, incapable de tirer profit de l'aide qu'il reçoit, et pourra se décourager, ou parfois éprouver de l'animosité envers celui qui, sans trêve, l'abreuve d'explications inutiles.

Un tel « blocage » peut être le signe que la notion mathématique inabordable est le siège d'un conflit inconscient qui agite le sujet. Plus ce conflit est intense, plus le « blocage » résistera.

Un élève pourra difficilement dépasser ce type de difficulté en mathématiques si ne s'effectue pas chez lui, parallèlement, une évolution sur le plan psychique. Même si la relation de Judith avec son frère n'a pas été travaillée (elle ne pouvait l'être dans le cadre de nos rencontres), quelque chose en a été dit – qui rattachait cette relation aux difficultés rencontrées en mathématiques. Judith ne pouvait progresser – fermer ses parenthèses – que si elle fermait la porte à son frère. Cela a vraisemblablement constitué le point de départ d'une élaboration inconsciente qui a conduit Judith à accepter la séparation entre son frère et elle.

Travailler un blocage en mathématiques

Si l'on admet que le « blocage » en mathématiques prend parfois un sens profond, il va de soi que *celui-ci requiert une approche particulièrement prudente.*

À ce titre, j'insiste sur le fait que tout blocage prend un sens personnel. Même si des milliers d'élèves rencontrent des difficultés sur les nombres négatifs, les parenthèses ou les médiatrices, chacun aura ses propres raisons. Judith est unique ; son rapport aux parenthèses l'est aussi. Il est absolument exclu d'attribuer à un autre élève l'interprétation qu'on peut élaborer dans son cas. *Pas plus qu'il n'existe de « clé des songes » (qui permettrait une interprétation des rêves de chacun), on ne peut concevoir de « clé des erreurs mathématiques ».*

De plus, même si, au cours d'un travail psychopédagogique en mathématiques avec un élève, on parvient à deviner les sources inconscientes d'un blocage, je ne crois pas souhaitable que l'interprétation soit communiquée à l'élève. Quelque chose peut être dit, à condition que cela reste absolument lié aux mathématiques. Faire des mathématiques, ce n'est pas entreprendre une psychothérapie.

Pour aider des élèves qui, comme Judith, comprennent sans comprendre, donnent l'impression qu'une notion mathématique est acquise pour eux et, simultanément, semblent s'acharner à commettre erreur sur erreur, il peut être fructueux de s'éloigner un peu des mathématiques au sens strict, et de les prendre comme support à différentes métaphores ou évocations. Il ne s'agit pas de « tendre un piège à l'inconscient », de le sommer de révéler les contenus dont il hante les notions mathématiques, de traquer le désir qui ne se dit pas, de produire de la matière à interpréter. Les métaphores, récits et autres inventions construits à propos d'un énoncé mathématique offrent en eux-mêmes une ouverture sur la vie. Ils permettent de désenkyster le message humain dissimulé dans l'erreur mathématique. C'est de cette façon que l'histoire de la porte a ouvert la question des parenthèses sur d'autres perspectives.

Ce mode de travail, même s'il ne constitue pas, je le répète, une psychothérapie, requiert à mon avis une certaine formation personnelle. Pour permettre l'expression des problématiques inconscientes qui hantent les mathématiques d'un élève, il me semble important d'avoir fait soi-même un bout de chemin dans ce sens, ne serait-ce que pour n'être pas assourdi par ses propres questions. Plus on aura avancé dans l'écoute de soi, plus on sera sensible aux mouvements profonds que suscite chez l'autre la pratique des mathématiques.

III

L'INCONSCIENT À L'ŒUVRE. STRUCTURES MATHÉMATIQUES, STRUCTURES PSYCHIQUES

Mathématiques et fondements de la personnalité

Jusqu'ici, j'ai proposé des pistes pour aider les élèves à dénouer leurs « blocages » en mathématiques. Les démarches évoquées partent du principe suivant lequel l'intellect ne constitue pas une entité à part, mais se nourrit, dans un jeu permanent d'aller et retour, de tout ce qui constitue le sujet humain : son corps, sa parole, son imagination et ses affects, ses désirs inconscients... Il s'agit ainsi de permettre à l'élève, non de « combler ses lacunes », ou de se livrer à un tour de force intellectuel, mais d'apprivoiser les mathématiques comme le Petit Prince apprivoise le renard : de se porter à leur rencontre en y impliquant tout son être.

Cependant, lorsqu'on appelle l'humain à la rescousse dans la pratique des mathématiques, force est de constater qu'il s'y trouve déjà. On entreprend de compter sur ses doigts pour faire intervenir le corps, incarner les nombres, et on s'aperçoit que le système numérique doit ses origines à ces mêmes doigts. Tout est à l'avenant : on croit inventer, introduire de l'humain dans un champ d'où il est absent, et on l'y rencontre, bien installé. En imaginant des récits pour illustrer une notion mathématique, on s'aperçoit que cette notion est déjà habitée, intriquée à une histoire qui n'appartient qu'au sujet.

Ainsi, il apparaît exclu de rester superficiel si l'on entreprend d'aider un élève à dénouer ses « blocages » en mathématiques. Cela ne signifie pas qu'on rendra compte à cet élève de ce qui se joue inconsciemment chez lui. Cependant, il me semble important de réaliser qu'un tel travail va nécessairement impliquer le sujet en profondeur.

Cela conduit à se demander ce qui se passe lorsqu'un élève fait des mathématiques : quels mouvements cela suscite-t-il ? Comment est-il touché, jusqu'aux tréfonds de sa personnalité ?

1

Les mathématiques, sciences de la séparation

Dans le discours des « traumathisés » revient régulièrement un grief particulier : les mathématiques leur semblent insupportables en ce qu'elles sont « abstraites ».

Comment expliquer que l'abstraction constitue une difficulté au-delà de l'obstacle intellectuel – difficulté qui justifierait l'horreur qu'inspirent les mathématiques ?

L'exploration des mouvements profonds suscités par la pratique des mathématiques apporte un éclairage sur ce point, en rapprochant l'abstraction d'un processus humain aussi fondamental que douloureux : la séparation.

Les vecteurs : se séparer d'un segment de droite

La question de la séparation trouve en mathématiques une illustration éloquente dans le travail sur les vecteurs.

Samuel, en classe de troisième, considère le parallélogramme IJKL.

Il lui est demandé de comparer les vecteurs $\vec{IJ}$ et $\vec{LK}$. Samuel énumère consciencieusement les points communs de ces deux vecteurs : « Ils sont de même longueur, ils sont parallèles, et ils vont dans le même sens. » Je lui

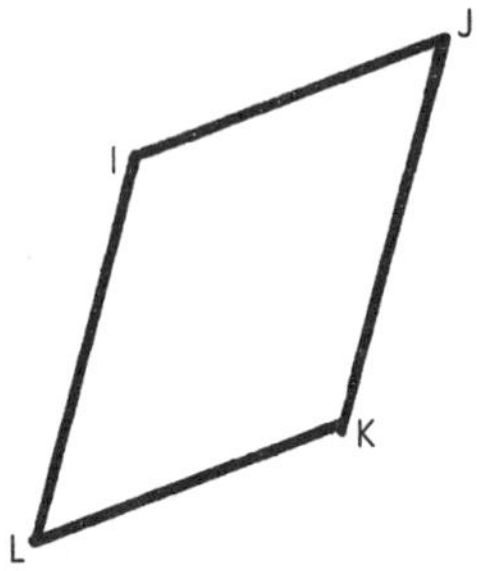

demande ce qu'il peut en conclure. « Ils se ressemblent, ils sont pareils... » Samuel a parfaitement observé la similitude des deux vecteurs. Mais il se refuse à franchir le pas décisif : ces deux vecteurs n'en font qu'un. Il s'agit du *même* vecteur. Cela a de quoi étonner, et on peut comprendre la réticence de Samuel : on voit bien que les vecteurs sont représentés à des endroits différents. Les points qui déterminent leurs extrémités respectives ne sont pas les mêmes. Ils ne portent pas le même nom. Alors ? Comment peut-il s'agir du même vecteur ?

Les mathématiques distinguent la notion de segment de celle de vecteur. Le segment [IJ] est constitué de l'ensemble des points formant le « trait » qui relie I à J. Ces points sont fixes, ils ne bougent pas. Un point situé hors de ce trait n'appartient pas à ce segment. On pourrait comparer les points du segment [IJ] aux cailloux d'un chemin allant de I à J. Ils sont là et pas ailleurs. C'est pourquoi ces deux segments sont distincts : [IJ] ≠ [LK].

Quant au vecteur $\overrightarrow{IJ}$, il est le *déplacement* qu'il faudrait effectuer, si on se trouvait sur I, pour aller jusqu'à J en ligne droite. Ce déplacement peut se faire en partant de n'importe quel endroit du plan. Par exemple, si je me

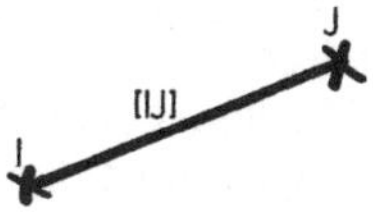

trouve au point E, je peux faire ce même trajet, qui me mènera à un nouveau point (que je peux appeler F). Il suffit en fait, lorsque je suis en E, de m'imaginer que je me trouve au point I, et de décider que je me rends en J. J'aurai alors effectué le trajet (ou vecteur) $\overrightarrow{IJ}$ en partant de E. C'est pourquoi $\overrightarrow{EF}$ et $\overrightarrow{IJ}$ sont un seul et même vecteur : $\overrightarrow{EF} = \overrightarrow{IJ}$.

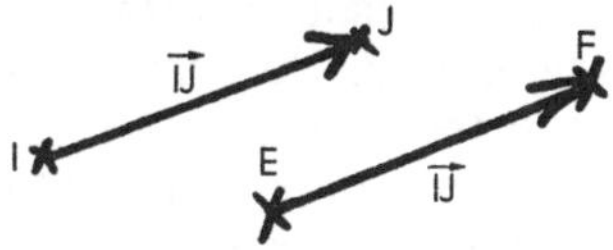

Rien ne m'empêche de mener la même démarche en partant du point L du parallélogramme. J'arrive alors au point K. C'est pourquoi $\overrightarrow{IJ} = \overrightarrow{LK}$.

Lorsque Samuel se refuse à dire que les deux vecteurs sont égaux, il raisonne en réalité non sur les vecteurs

$\overrightarrow{IJ}$ et $\overrightarrow{LK}$, mais sur les segments [IJ] et [LK]. Le vocabulaire qu'il utilise lorsqu'il compare les vecteurs (« longueur », « parallèles ») est d'ailleurs plus adapté à des segments qu'à des vecteurs. Pourquoi cet attachement à la notion de segment ? Comment comprendre sa difficulté à appréhender les vecteurs ?

Pour cela, il convient de remarquer que le segment est indispensable à la construction d'un vecteur. Il en pose les bases « matérielles » et permet de le représenter. Sans le segment [IJ], il serait impossible de constituer le vecteur $\overrightarrow{IJ}$.

Cependant, un pas supplémentaire est nécessaire pour effectuer le passage du segment au vecteur. En effet, $\overrightarrow{IJ}$ doit s'affranchir du support que constitue le segment. Le vecteur (le déplacement) existe indépendamment des points fixes (les cailloux du chemin) qui ont servi à le construire. Il peut être représenté à n'importe quel endroit du plan.

C'est pourquoi on ne peut appréhender le vecteur qu'à la condition de *renoncer* au segment. Il s'agit de quitter ce support originel, de s'en séparer tout en en conservant l'esprit, ou le souvenir (sans lequel on n'a plus accès aux caractéristiques du vecteur : sa « longueur », sa direction et son sens). Le segment reste présent, visible ; il est un support indispensable. Mais le vecteur en est distinct : il s'en est affranchi.

AU-DELÀ DES VECTEURS

Le processus de séparation est omniprésent en mathématiques. On l'a précédemment évoqué à propos de la formation des nombres (il s'agit par exemple de concevoir l'idée de « six » indépendamment de « six pommes »), ou de la géométrie, qui demande, d'une part, de représenter la situation par un dessin, et, d'autre part, d'être en mesure de penser au-delà de ce support – de s'en séparer – pour que le raisonnement reste valable dans le « cas général ».

Ainsi, quiconque fait des mathématiques, quel que soit son niveau, est sans cesse contraint de se séparer. De même qu'on ne peut concevoir un nombre sans le séparer du corps ou des objets qui l'ont d'abord incarné, et ont permis d'en construire l'idée, on ne peut comprendre une notion ou un théorème sans le séparer du cas particulier qui a servi à le présenter ou à l'illustrer. Le calcul littéral, dans lequel figurent des lettres qui tiennent lieu de nombres, demande de penser comme on le faisait avec de « vrais » nombres, mais sans eux (chaque lettre pourrait être n'importe quel nombre, et il faut renoncer à en connaître la valeur).

Dans le même ordre d'idées, Laure, en classe de quatrième, bute sur une question de géométrie. Elle m'explique ainsi sa difficulté : « Je n'arrive pas à me séparer de ma première idée. » Souvent, en effet, résoudre un exercice implique un renoncement aux premières idées qui ont surgi – premières idées souvent fausses, qui constituent un point de départ à la réflexion, mais ne la rendent possible que si elles s'effacent devant celles qu'elles suscitent.

SENTIR, TOUCHER, VOIR... PENSER.

Cette dynamique permanente de séparation touche d'abord les éléments matériels. Les nombres existent sans les objets comptés, les sphères sans les balles... Ce constat est généralement mis en avant par les « traumathisés » qui ont souffert du caractère abstrait des mathématiques.

Lorsqu'un élève se trouve en difficulté pour élaborer un concept mathématique, il me semble souvent utile de travailler avec ces objets matériels, dans l'idée de retrouver le support qui, parfois, a été évincé trop précocement. Il s'agit de faire appel pour un temps aux différents sens : toucher, vue, mais aussi ouïe et odorat. Ainsi, lorsqu'on a recours à la pâte à modeler, nombreux sont les élèves qui, avant de former, par exemple, la tarte que nous allons découper en six parts de même taille (pour expliquer les fractions), prennent le temps de la pétrir, de la sentir, et d'écouter les bruits produits par leurs manœuvres. À regarder les élèves absorbés dans ces manipulations, il est manifeste que celles-ci tiennent un rôle fondamental dans le processus de compréhension.

Cette démarche a été évoquée précédemment : elle permet de donner sens à nombre de notions abstraites. Les élèves, rapidement, parviennent à « décrocher » la notion de son support, à concevoir son existence en tant que telle. Les sens interviennent de moins en moins.

Un sens, cependant, reste « agrippé » plus longtemps que les autres au concept mathématique, et ne se « décroche » qu'avec de grandes difficultés. Il s'agit de la vue. Ce mode d'appréhension, dernier bastion du corporel dans les mathématiques, est aussi le dernier à céder. Ne plus toucher les billes, ne plus entendre leur tintement est facilement accepté dès que le support a tenu son rôle, illustrant une notion qu'il s'agissait d'éclaircir. Mais renoncer à voir est moins aisé.

Samuel, par exemple, comprend mal la notion de vecteur parce qu'il supporte mal de ne pas le voir. Pourtant, un vecteur donné peut être conçu à n'importe quel endroit de la feuille : il est exclu de le représenter partout. Il est nécessaire d'accepter qu'il existe sans pour autant le voir.

De même, nombre d'élèves sont convaincus (souvent encore en classe de seconde) que, pour un nombre x quelconque, « nécessairement, x est positif, et – x négatif ». Cette affirmation est fausse. Pour s'en convaincre, il suffit de choisir pour x la valeur (– 7). Dans ce cas, x = – 7, donc *x est négatif*, et – x = – (– 7) = 7, donc *– x est positif.* Cependant, cette proposition erronée semble juste *à première vue*, c'est-à-dire que l'impression de vérité qui s'en dégage vient précisément de la vue. Lorsqu'on regarde « x », on ne voit aucun signe « moins », alors que « – x » en comporte un. Pour comprendre que x peut être négatif, il est fondamental d'accepter l'idée qu'il peut y avoir un signe moins qui n'apparaît pas, autrement dit qu'un nombre peut être négatif *sans que cela se voie.*

Se séparer du professeur

La difficulté liée à l'abstraction ne concerne pas seulement les notions mathématiques. Le mouvement de séparation qu'elle désigne se retrouve parfois aussi dans la relation au professeur.

L'enseignant est régulièrement mis en cause dans un « blocage » en mathématiques. Parfois, on met en doute ses compétences : il ne sait pas s'y prendre, ses explications sont insuffisantes, mal conçues. Mais souvent, il est critiqué dans le mode de relation qu'il établit avec sa classe : soit il ne s'intéresse pas aux élèves en difficulté – il les abandonne –, soit il leur porte une attention excessive, les interrogeant systématiquement avec une insistance vécue par certains élèves comme persécutive.

Parfois, paradoxalement, ces deux reproches sont adressés au même enseignant. Ainsi, Cécile se dit terrifiée par un professeur de mathématiques, sadique selon elle, et face auquel elle tente de passer inaperçue. Elle ne veut surtout pas qu'il s'occupe d'elle, ne se sent en sécurité que lorsqu'il semble oublier son existence. Cependant, Cécile me raconte, sans paraître y remarquer une contradiction, qu'elle ne se plaît en cours de mathématiques que le jour de Carnaval où, déguisée, elle attire l'attention de l'enseignant, qui l'envoie au tableau. Tout en redoutant le regard de son professeur, elle manifeste à son égard une attente évidente.

Héléna, quant à elle, ne peut résoudre un exercice qu'en utilisant une méthode différente de celle qu'a indiquée l'enseignante. Il lui est impossible de suivre ses conseils : « Ça m'empêche de réfléchir si je fais comme elle dit. » A priori, il est difficile de comprendre pourquoi Héléna ne se sent pas en mesure de se conformer à ces instructions – qui lui sont pourtant tout à fait accessibles, à mon avis. Son opposition au professeur – son refus de suivre ses consignes – paraît fondamentale pour elle, au point d'y sacrifier de nombreux points lors des interrogations. Comment entendre ce refus ?

« Ça m'empêche de réfléchir si je fais comme elle dit ». Il semble qu'Héléna éprouve des difficultés à trouver sa place, à construire un espace de réflexion qui lui soit propre. Si elle laissait ses réflexions suivre le cours proposé par l'enseignante, celle-ci risquerait d'empiéter sur le champ des pensées d'Héléna. Par sa démarche, elle tente ainsi, à sa façon, de construire une distance entre elle et l'enseignante : c'est à ce prix qu'il lui est possible de déployer une pensée autonome. Elle ne peut s'appuyer sur les indications de l'enseignante de peur de s'y trouver engloutie, d'y perdre ses facultés de réflexion. Comme s'il n'existait pas avec certitude, d'emblée, une distance, une séparation, entre Héléna et l'enseignante.

Laure, en cinquième, et Marc, en seconde, se plaignent de ce que le professeur de mathématiques « va trop vite ». Ils ne peuvent pas suivre. Je prends conscience, dans le cours de notre travail, que chacun d'eux suit les explications qu'il m'arrive de donner avec une attention exagérée. Ils ne supportent pas d'en perdre un seul mot. Agrippés de la sorte à chaque terme, ils laissent échapper le sens général de la phrase. C'est vraisemblablement ce mode d'écoute qui leur donne l'impression que l'enseignant parle trop vite : il est impossible de saisir, d'individualiser, chaque mot d'un discours prononcé à une vitesse « normale ». L'écoute demande la possibilité de « laisser filer la phrase », pour en saisir le cours : on ne peut en comprendre le sens si l'on en fige chaque mot. Ainsi, bien que la parole ne représente généralement pas un obstacle pour Laure ou Marc, ils ne peuvent, lorsqu'il s'agit de mathématiques, prendre suffisamment de distance avec ce qui leur est dit pour en saisir la signification.

Ces différents récits témoignent d'un agrippement, d'un *collage* particulier au professeur de mathématiques. Cécile, qui dit avoir son professeur en horreur, lui adresse en fait une intense demande d'attention et d'amour. Héléna, en prenant résolument l'exact contrepied des instructions de l'enseignante, indique à quel point elle ne peut se séparer d'elle, penser sans référence à elle. Laure et Marc, pour lesquels chaque mot du professeur a, pour ainsi dire, valeur de fétiche, ne peuvent s'en séparer, prendre de la distance – et ainsi accepter le statut symbolique des paroles entendues, en saisir le sens général, en « faire leur miel »...

Certains élèves éprouvent ainsi de grandes difficultés à *s'abstraire* de leur professeur de mathématiques – à élaborer, à partir de son enseignement, une compréhension et une démarche qui leur soient propres. Cette impossible séparation entrave la constitution d'une pensée personnelle : les élèves, comme collés à leur enseignant, ne peuvent se soutenir de ses paroles, s'y appuyer pour aller leur chemin.

Cette difficulté de séparation avec le professeur de mathématiques est telle que parfois, même la fin des études n'y met pas un terme. Qu'en est-il, en effet, des anciens élèves qui, à l'âge adulte, continuent de désigner leurs enseignants comme seuls responsables de leur échec dans cette discipline ? Pourquoi ne peuvent-ils envisager que leurs problèmes provenaient également de leur propre rapport aux mathématiques ? Par ce discours, ils donnent l'impression de se trouver encore sous l'emprise de leur professeur dont ils ne se sont, finalement, toujours pas séparés.

La douleur de l'abstraction : les mathématiques et le « jeu du fort-da »

Abstraire reviendrait donc à se séparer : quitter un support concret, perceptible, pour la notion mathématique qu'il illustre. Quitter jusqu'à la personne du professeur, pour s'approprier le contenu de son enseignement.

Comment comprendre que l'abstraction soit décriée à ce point ? Pourquoi apparaît-elle souvent si douloureuse ? Est-il si difficile de se séparer d'un segment de droite, d'un objet matériel, d'un support de travail ? De tels objets ne justifient certainement pas un attachement aussi considérable.

Se confronter à l'abstraction mathématique demande aussi de se séparer, psychiquement s'entend, d'une personne : le professeur de mathématiques. Il s'agit cette fois d'un être humain, l'attachement est plus compréhensible. Mais cet homme ou cette femme tient peu de place dans la vie d'un élève, qu'il rencontre au plus quelques heures par semaine pendant l'année scolaire. Il semble curieux que la séparation ne se fasse pas naturellement, et sans heurt...

Aussi, on peut imaginer que ces séparations ne soient pas directement en question dans la douleur de l'abstraction. Peut-être cette souffrance tient-elle davantage à des réminiscences : des souvenirs d'une autre séparation, plus ancienne, plus fondamentale, qui ferait écho à l'abstraction mathématique.

Quel serait ce vécu ? De quelle séparation est-il question ?

Un regard plus précis sur le processus de l'abstraction mathématique nous suggère une hypothèse à ce propos.

Le passage d'un support concret à une idée abstraite ne constitue pas une séparation définitive. La transition de « cinq doigts » vers la notion de « cinq », de « *ce* dessin d'un triangle rectangle » vers la catégorie du « triangle rectangle », d'un nombre donné vers la lettre qui en tient lieu dans le calcul littéral, ne peuvent se faire que *dans un jeu d'allers et retours* incessants. Même si on ne regarde pas systématiquement sa main pour compter, on peut y jeter un coup d'œil de temps à autre... On sait qu'elle est là, ou du moins qu'elle a été là. Sa présence, ou son souvenir, ou des traces de son souvenir sont disponibles, et la pensée est d'autant plus libre que son support ne cesse pas d'exister, sous une forme ou sous une autre.

Cette dynamique permet par exemple d'élaborer l'idée que « x » peut être négatif, même si son « signe moins » n'est pas visible. Il suffit pour cela de retrouver le support de cette notion : le « x » peut provisoirement être remplacé par un « vrai » nombre négatif, par exemple – 5, dont le signe est apparent.

On *voit* bien que – 5 est négatif : par conséquent, x, qui le remplace, sera lui aussi négatif. C'est en conservant la référence à ce support, en y retournant tant que cela sera nécessaire, qu'on peut arriver à penser que « x est négatif » sans en percevoir la preuve tangible, le « signe moins ». Bien qu'il ne soit pas manifeste, ce signe demeure au moins à l'état de souvenir, de trace. Dès lors, il ne cesse pas d'exister lorsqu'il disparaît à la vue. C'est ainsi que le « x » peut représenter un nombre négatif en l'absence de celui-ci, et prendre ainsi le statut de symbole.

De même, un théorème vaut indépendamment de la personne qui nous l'a enseigné, mais il peut être utile, pour s'en remémorer la teneur, de l'associer par exemple à l'intonation du professeur. Ce théorème n'aurait pu parvenir jusqu'à nous hors de la relation que nous avons établie avec l'enseignant. Cette relation, sa teneur affective, les émotions qu'elle a suscitées en nous sont autant de supports qui, placés en arrière-plan, constituent un étai indispensable à notre pensée et, paradoxalement, nous permettent de disposer en toute liberté, et à titre absolument personnel, du théorème en question.

Ainsi, l'opération d'abstraction ne se résume pas à faire purement et simplement disparaître le support. Il s'agit de s'en éloigner sans le nier, de prendre son envol sans perdre le souvenir du perchoir, et en conservant la possibilité, si nécessaire, de retourner un instant s'y poser pour retrouver ses marques. Par exemple, si l'on ne parvient pas à comprendre un raisonnement utilisant des « x », il n'est pas aberrant de remplacer provisoirement x par un « vrai » nombre, pour *voir* ce que ça donne, et retourner ensuite au calcul littéral.

Ce mouvement d'allers et retours évoque le jeu auquel se livre le petit-fils de Freud[1]. « L'enfant avait une bobine en bois avec une ficelle attachée autour. Il ne lui venait jamais, par exemple, l'idée de la traîner par terre derrière lui pour jouer à la voiture ; mais il jetait avec une grande adresse la bobine, que retenait la ficelle, par-dessus le

1. Sigmund Freud, « Au-delà du principe de plaisir », in *Essais de psychanalyse*, Paris, Petite Bibliothèque Payot, 1995.

rebord de son petit lit à rideaux où elle disparaissait, tandis qu'il prononçait son *o-o-o* riche de sens [qui signifiait « parti » – en allemand, *fort*] ; il retirait ensuite la bobine hors du lit et saluait sa réapparition par un joyeux « voilà » [en allemand, *da*]. Tel était donc le jeu complet : disparition et retour. » L'enfant tour à tour se sépare de la bobine et la retrouve. La possibilité du retour rend la disparition non seulement acceptable, mais palpitante (le *o-o-o,* « fort et prolongé », était émis « avec une expression d'intérêt et de satisfaction »).

Peut-être un tel jeu a-t-il manqué, dans leur petite enfance, à certains élèves qui ne peuvent, d'une certaine façon, se résoudre à voir disparaître leur « bobine mathématique » : signe « moins », figure géométrique... Il leur est impossible de renoncer à l'idée selon laquelle « x, puisqu'il n'a pas de "signe moins" *apparent*, est positif », et ils imaginent qu'on démontre le caractère isocèle d'un triangle en mesurant ses côtés. Il semble que ces élèves n'acceptent pas de lâcher leur support – « vrai » nombre négatif, ou dessin du triangle – comme si, peut-être, ce support allait disparaître s'ils cessaient un instant de s'y agripper. Il est possible qu'il manque à ces élèves l'expérience de l'alternance disparition-réappartition (du « signe moins », ou de la figure géométrique). Cette expérience pourrait les rassurer sur le sort du support, et les convaincre qu'il ne disparaîtra pas à tout jamais s'ils s'en séparent un instant pour penser en son absence.

La disparition provisoire du support, rendue ainsi tolérable, est en elle-même fondamentale : elle permet de penser l'absence, de la mettre à distance, en conduisant à y mettre des mots. « Fort-da » pour le petit-fils de Freud, symboles mathématiques pour les élèves, prennent ainsi leur sens. Ils sont dès lors susceptibles de s'intégrer à un raisonnement abstrait, qui ne pourrait se construire dans un travail portant uniquement sur les objets.

Ainsi, par le « jeu du fort-da », un enfant âgé de un an et demi semble parvenir à élaborer un scénario propre à composer avec la difficulté de l'abstraction. On peut dès lors imaginer que ce jeu soit construit pour tenter de dépasser une angoisse semblable à celle que l'abstraction mathématique réactive chez les élèves. Le sens de ce jeu serait ainsi susceptible de jeter un éclairage sur la source de cette angoisse.

Qu'est-ce que le jeu du fort-da ? Comment le petit-fils de Freud avait-il été amené à en concevoir le principe ? L'interprétation qu'en livre Freud est la suivante : « L'enfant ne pleurait jamais quand sa mère l'abandonnait pendant des heures, bien qu'il [lui] fût tendrement attaché [...]. » Par son jeu, « il se dédommageait pour ainsi dire en mettant lui-même en scène [...] le même "disparition-retour" ».

Ainsi, la disparition de la bobine formait une mise en scène des départs de la mère de l'enfant. Ces départs constituaient l'événement traumatisant, la source d'angoisse ; et le jeu de la bobine avait pour fonction de rejouer cette absence. Celle-ci était rendue acceptable, et même intéressante par la possibilité du retour. L'enfant savait que l'objet – ou sa mère –, sorti de son champ visuel, ne cessait pas pour autant d'exister, et reviendrait ensuite. Le temps de l'absence, joué, nommé, n'était pas tout entier empli du traumatisme de la séparation.

« Les mathématiques, c'est le père... »

Le parallèle établi entre le jeu de la bobine et la démarche mathématique permet d'émettre une hypothèse : la difficulté que représente pour certains élèves l'abstraction mathématique pourrait tenir à la résurgence d'une angoisse de séparation d'avec la mère. Les objets concrets qui servent de support à la pensée mathématique évoqueraient ce support premier dans la vie ; et l'abstraction, extrayant une idée de son support, constituerait une métaphore de la naissance.

Ainsi, le « blocage » suscité par l'abstraction mathématique serait en partie lié à une angoisse ancienne et intense qui a tenu une place fondamentale dans la vie du sujet. Peut-être est-il ici question de la première séparation – celle de la naissance ? Peut-être aussi s'agit-il de l'angoisse suscitée par les départs de la mère lorsqu'elle quittait par exemple la chambre de l'enfant – angoisse vécue de façon plus ou moins intense selon que la mère savait sécuriser l'enfant, le rassurer sur son attention constante.

Cependant, la séparation entre la mère et l'enfant n'est pas seulement un temps de douleur et d'angoisse : elle marque aussi une *étape structurante.* C'est à ce prix que l'enfant, ainsi séparé, limité, pourra exister et se construire en tant que sujet.

Cette séparation, difficile et douloureuse, ne se fait pas naturellement : elle sera imposée par l'interdit de l'inceste, qui établit une distance infranchissable entre l'enfant et son premier objet d'amour : sa mère.

La « fonction paternelle », pour la théorie lacanienne, permet cette séparation. L'enfant doit renoncer à se penser l'unique objet du désir de la mère. Il est aidé en cela par l'homme vers qui se tourne celle-ci. En suscitant le désir de la mère, cet homme (éventuellement le père de l'enfant) introduit une séparation entre elle et son enfant. Privé de cette complétude imaginaire, parfaite mais étouffante, l'enfant peut à son tour tourner son désir ailleurs. De même, le vecteur devra quitter le segment qui lui a servi de support, d'empreinte originelle, pour exister « librement » dans le plan. De ce segment, il ne conservera que le nom, comme l'enfant devenu indépendant conserve le nom de son père.

Un retour s'impose ici sur le lieu commun éculé qui plaît tant à certains étudiants en psychologie ou en sciences de l'éducation. Ils l'assènent généralement sous la forme d'un syllogisme aux apparences irréfutables : « Les mathématiques c'est la loi, et la loi c'est le père. Donc les mathématiques, c'est le père. »

Lorsqu'un enfant est « bloqué » en mathématiques, il me semble absurde d'en accuser le père. Ce qui permet à l'enfant de se séparer de la mère, et détermine vraisemblablement en partie son rapport à l'abstraction mathématique n'est pas *le père*, mais *la fonction paternelle*, l'existence d'un ordre tiers, d'une certaine loi du monde à laquelle chacun est soumis. Le père peut transmettre quelque chose de cette loi, supporter cette fonction. Cependant, ce qui fera séparation entre la mère et l'enfant tient aussi dans la place qui revient à cette loi pour la mère – la façon dont elle joue dans son histoire.

La manière dont le sujet se situe par rapport à cette séparation – et par rapport à l'interdit de l'inceste – tiendrait une place importante dans son rapport aux mathématiques : cette hypothèse n'est pas seulement le fruit d'un raisonnement abstrait. La question de l'interdit de l'inceste se profile fréquemment dans le travail sur les blocages en mathématiques. On se rappelle le cas de Pauline, réticente à s'éloigner de son père, ou celui de Judith, qui acceptait mal de renoncer à une certaine intimité avec son frère. Cette réticence à prendre acte de l'interdit de l'inceste se transposait pour Judith dans une impossibilité d'accepter la loi mathématique – et en particulier ce qui, dans les mathématiques, fait séparation : les parenthèses.

Il me semble ainsi que la question de la séparation, et en particulier l'interdit de l'inceste, tient un rôle crucial dans la pratique des mathématiques. La façon dont le sujet aura vécu cette étape vitale conditionnera vraisemblablement son rapport aux mathématiques – l'angoisse ou la douleur qu'elles susciteront chez lui. Mais il se peut aussi qu'un élève, pour qui cet interdit a été posé de façon précaire, trouve dans la pratique des mathématiques un espace rassurant. Il pourra y rencontrer une formulation plus claire, amorcer dans ce champ, ou à travers ce champ, le mouvement de séparation qui l'aidera à se construire. Peut-être cela a-t-il été le cas de Judith, qui, en se heurtant à des parenthèses poreuses, a finalement été en mesure de fermer la porte à son frère.

2

Le cours du temps

Addition et multiplication

La question du temps transparaît parfois à travers la pratique des mathématiques. Certaines confusions entre addition et multiplication en livrent une première illustration.

Lors d'un calcul assez complexe, Laurent, en classe de première, écrit au passage : « $5 \times 3 = 8$. » Je lui signale son erreur : « C'est de l'inattention », m'assure-t-il. Et en effet, Laurent n'éprouve a priori aucune difficulté à effectuer des multiplications. Il a dépassé cet apprentissage depuis longtemps, et les obstacles qu'il rencontre à présent en mathématiques sont d'un niveau bien supérieur. Certainement, il se concentrait sur la résolution de son système d'équations, et, n'accordant que peu d'intérêt à ce calcul aisé, il s'est trompé.

Cependant, cette erreur n'en est pas moins intéressante. Le résultat n'est pas le fruit du hasard, mais celui d'une substitution : au lieu de multiplier le 5 par le 3, Laurent les a additionnés. Cette méprise n'est pas fréquente seulement sous sa plume, elle est le fait de nombreux élèves. Sans mettre en question le niveau en mathématiques de ceux qui la commettent, elle n'est pas sans conséquence – en particulier, elle conduit à un résultat faux, et compromet ainsi la résolution de l'exercice. Mais rarement les élèves consentent à s'y arrêter : ce n'est pas une erreur noble.

Il me semble intéressant de se demander pourquoi la méprise est systématiquement commise dans ce sens et, d'après mon expérience, presque jamais dans l'autre. On additionne au lieu de multiplier, mais les additions sont généralement respectées, et non transformées en multiplications. Pourquoi ?

« C'est plus facile d'additionner », répondent la plupart des élèves.

On conçoit en effet que l'addition soit l'opération la plus « naturelle » : en apercevant les nombres 5 et 3 de l'opération précédente, on imagine aisément cinq objets, et trois autres. Nous voilà en présence de huit objets : l'addition a eu lieu sans même qu'il soit besoin de la penser.

Cependant, l'addition est également la première opération enseignée en mathématiques – bien avant la multiplication. Effectuer une addition à la place d'une multiplication pourrait dès lors s'entendre comme une forme de régression : ce peut être une façon, pour un élève, de revenir aux tout premiers temps de son apprentissage.

On se rappelle aussi Héléna qui, bravant les instructions de son enseignante, avait résolu une équation du deuxième degré par la « forme canonique » au lieu de calculer le « discriminant ». Elle considère que la méthode qu'elle a choisie est la plus simple. Pourtant, des deux techniques, c'est la plus complexe à effectuer : l'autre – le calcul du discriminant – est issue de la première, et nécessite beaucoup moins de manœuvres. Cependant, la forme canonique est la première enseignée (environ un an avant le discriminant). Peut-être ce choix est-il en partie déterminé par un souhait de revenir en arrière – au début du travail sur les équations du deuxième degré ?

Ainsi, nombre d'« erreurs d'inattention » semblent fournir à leurs auteurs des occasions de retourner à une étape antérieure de leurs apprentissages. Cela ne signifie pas qu'ils aient perdu les compétences acquises par la suite. Mais celles-ci s'effacent momentanément, au profit d'un mouvement spontané de régression, d'une aspiration à retrouver un temps révolu.

Le temps de grandir

La pratique des mathématiques confronte les élèves à la question du temps, et cela sur différents modes.

En premier lieu, la succession des apprentissages s'effectue de façon très particulière en mathématiques. L'élève est sans cesse confronté à de nouvelles connaissances ; mais, au contraire d'autres disciplines scolaires, ces connaissances ne vont pas simplement compléter les précédentes : elles vont les dépasser, au point que celles-ci sembleront périmées, voire fausses.

On apprend par exemple à l'école primaire qu'« on ne peut retrancher un grand nombre d'un petit : 5 – 9 n'existe pas ». Je me souviens avec quelle satisfaction, décelant dans mes devoirs une soustraction de ce type, j'inscrivais au stylo vert les lettres magiques : « impossible », qui, grâce à cette simple remarque préliminaire, me dispensaient de m'atteler au calcul. Un peu plus tard, en sixième, cette opération reçoit un résultat : 5 – 9 = – 4. L'élève en effet est initié à la catégorie des nombres négatifs, qu'il ne connaissait pas jusque-là. Dans ce nouvel ensemble de nombres, 5 – 9 n'est plus « impossible ». On peut tout au plus spéculer sur l'ensemble de nombres dans lequel on se situe (positifs ou relatifs), pour décider si l'opération obtiendra ou non un résultat. Mais il est désormais exclu d'ignorer que ce résultat peut exister. La sentence apprise à l'école primaire, le sésame de la délivrance, n'a plus droit de cité.

Cet enseignement par révolutions successives me semble particulier aux mathématiques. Imaginerait-on que l'apprentissage d'un mot, en français, prive les élèves de l'usage d'un autre terme en vigueur pour eux jusque-là ? La succession d'étapes caractérisant l'apprentissage des mathématiques me semble plus proche de celles qui marquent l'évolution de l'enfant. Par exemple, celui-ci saura successivement ramper, puis avancer à quatre pattes et enfin marcher. Parvenu à ce stade, il conservera ce mode de locomotion, et il serait surprenant qu'il y renonce pour se mouvoir de nouveau à quatre pattes – non qu'il ne lui soit plus possible de se déplacer ainsi, mais il s'agit d'une étape dépassée de son évolution, même si, physiquement, il est encore en mesure d'y avoir recours[1].

C'est ainsi que la pratique des mathématiques confronte sans cesse à la nécessité de grandir. Chaque avancée constitue une séparation, un éloignement supplémentaire d'avec la situation originelle.

Il en est ainsi du passage de l'addition à la multiplication, puis aux « puissances ».

1. Ce parallèle entre une progression en mathématiques et l'évolution du sujet humain se retrouve dans l'énigme du Sphinx, qui évoque les étapes de la vie de l'homme dans les termes d'une suite numérique : quatre, deux puis trois pattes (remarque de François Dupont).

L'addition permet encore de rester, pour ainsi dire, en prise avec les objets. Cinq pommes « et » trois pommes « font » huit pommes : un vocabulaire purement descriptif suffit à faire entendre l'addition.

La multiplication demande un premier mûrissement. Pour représenter « 5 × 3 », la plupart des élèves disposent deux tas de cinq et trois billes sur la table, et construisent tant bien que mal un signe « multiplié » entre les deux tas (par exemple en croisant deux crayons). Mais force est de constater qu'ils ont toujours huit billes (5 + 3) sur la table… sans compter les deux crayons.

Pour faire apparaître les quinze billes attendues, il est nécessaire de s'éloigner de la représentation immédiate du « 5 » (par exemple par cinq billes), pour construire cinq *tas* de trois billes : *cinq fois* trois (3 + 3 + 3 + 3 + 3).

Puis viennent les puissances, et un nouveau cran est franchi : 5^3 (« 5 à la puissance 3 ») signifie 5 x 5 x 5, soit cinq paquets contenant chacun cinq tas de cinq billes.

À ce stade, le « 3 » n'est plus du tout « visible ». Ici, l'erreur d'« inattention » la plus fréquente consiste naturellement à écrire : $5^3 = 15$ (confusion de 5^3 avec 5×3 : retour en arrière d'un cran, vers la multiplication).

Cette nécessité de grandir, d'évoluer sans cesse, semble à l'origine de nombreuses difficultés en mathématiques. Ainsi Pauline, en classe de troisième, vient d'apprendre à résoudre des systèmes d'équations « par combinaison linéaire ». Jusque-là, elle disposait pour ce type d'exercices d'une autre technique, dite « par substitution », dont elle usait sans trop de difficultés. Elle est particulièrement réticente à étudier la nouvelle méthode, et m'explique spontanément : « Si j'y arrive, j'ai peur d'oublier l'ancienne façon... » Risque-t-elle vraiment d'oublier ? Ou le passage à cette « nouvelle façon » la renvoie-t-elle à une angoisse plus personnelle – par exemple la peur de grandir, de s'affronter aux nouvelles étapes, inconnues et inquiétantes, de sa propre évolution ?

La difficulté, partagée par de nombreux élèves, de renoncer à un état, à un niveau de compétence, pour accéder au suivant, me semble souvent accrue par l'attitude de certains enseignants. Souhaitant voir leurs élèves aller de l'avant, ils tentent parfois de hâter leur développement sans respecter suffisamment leur rythme personnel. Ainsi, nombre d'instituteurs décrètent que, passé neuf ou dix ans, un enfant est tenu de savoir compter sans avoir recours à ses doigts. Ils supposent probablement que les doigts empêchent les élèves d'avoir accès à la mythique « abstraction » : comme si cette faculté allait surgir magiquement, dès la disparition des doigts...

Dans le même ordre d'idées, beaucoup d'élèves, parfois confortés dans cette opinion par leur enseignant, se trouvent trop lents (en particulier lors des examens de mathématiques). Dès lors, obsédés par l'idée d'aller « plus vite », ils n'accordent pas à leur réflexion le temps nécessaire pour qu'elle mûrisse, et se construise progressivement. Cette prétendue nécessité d'aller vite favorise chez eux l'illusion que la réponse aux exercices doit être immédiate, jaillir instantanément de leur esprit comme Minerve sortit, adulte et tout armée, du crâne de Jupiter. Si la réponse ne leur arrive pas à la seconde, ils se sentent inintelligents, et, blessés, se dégoûtent parfois des mathématiques.

Cette angoisse de grandir, qui fait paraître les états antérieurs si enviables, peut encore expliquer le « fantasme de télépathie » évoqué précédemment. Certains élèves ne parlent pas. Ils ne jugent pas utile de commenter leur travail en adressant à leur enseignant de « véritables » mots : comme s'ils considéraient que celui-ci connaît leur pensée, et sait par avance ce qu'ils ont à dire. Ce faisant, ils se situent avec lui dans une relation de communication non verbale qui est le propre du tout petit enfant – étymologiquement, *infans* : celui qui ne parle pas. À charge pour le professeur – comme pour la mère, dans des temps plus anciens – d'interpréter chaque signe, de deviner, de comprendre. Aider un élève à parler en mathématiques, à expliquer, à s'exprimer avec des mots, ce peut être lui proposer de renoncer à une position archaïque, lui apprendre à se séparer de son enseignant comme un bébé quitterait les bras de sa mère... Cela donne une idée de l'intensité qu'atteignent parfois les relations entre un élève et l'enseignant en mathématiques, auquel on fait parfois porter, comme à une mère, la responsabilité de son devenir. Et cela suggère aussi le tact et la patience nécessaires lorsqu'on tente d'aider un élève à avancer en mathématiques.

Cependant, grandir n'est pas nécessairement synonyme d'angoisse. À l'idée de franchir des étapes, certains appétits s'aiguisent. Dans la vie, cela procure d'évidents privilèges qui sont d'autant plus désirables qu'ils sont refusés aux plus jeunes : obtenir une indépendance accrue, l'autorisation de sortir le soir, etc. De la même façon, grandir en mathématiques amène de vraies joies – en particulier, pour certains élèves, la perspective de braver des « interdits ». Ainsi, Jérémie, peu attiré par les mathématiques en CM2, attend tout de même la sixième avec intérêt, car il a entendu dire qu'il sera alors possible de retrancher un grand nombre d'un petit. Et Germain, que j'ai rencontré en seconde, a tenu par la suite à s'orienter vers une terminale scientifique, pour rencontrer ces nombres mystérieux qui font mentir la sentence jusque-là pieusement respectée : « Un carré est toujours positif ». (En effet, on apprend alors que le carré d'un nombre dit « imaginaire pur » est négatif...)

Le sens du temps

Aller de l'avant ou revenir en arrière : cette question apparaît ainsi à travers certaines erreurs mathématiques, qui semblent se traduire dans les termes d'une incertitude quant au sens de l'écoulement du temps, d'une confusion entre l'avant et l'après.

Éliane, à qui les fonctions ne posent que peu de difficultés, me dit « confondre toujours les x et les y ». Alain confond les racines et les carrés. Pauline, qui ne cesse de dire qu'« il faut qu'[elle] aille plus vite » remarque : « Dans l'expression 3 ln2, je ne comprends pas la différence entre le nombre qui est *avant* et le nombre qui est *après* "ln". » Germain, lorsqu'il lui faut situer des points dans un repère, place souvent les points de coordonnées négatives du côté positif : après le zéro et non avant (une « erreur d'inattention »).

Ces difficultés, comme de nombreuses autres, ramènent à la question fondamentale de *l'avant* et de *l'après.*

En ce qui concerne Éliane, il convient de rappeler qu'une fonction, en mathématiques, met en place une relation entre un nombre x et un nombre y qui lui est associé à l'issue d'un certain calcul.

Par exemple, on peut construire une fonction f qui, à tout nombre x, ferait correspondre le nombre y égal à $3x + 1$. Ainsi, en choisissant 5 comme valeur de x, on trouve que y est égal à $3 \times 5 + 1$, soit $y = 16$.

On remarque ici que x est la valeur qui vient en premier dans le raisonnement. Elle permet, en second lieu, de construire celle de y. Le vocabulaire des fonctions est

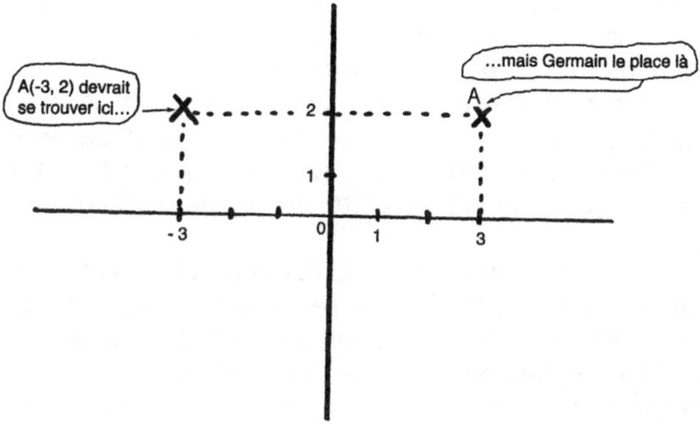

d'ailleurs particulièrement explicite à cet égard. On dit par exemple que « les x » sont les éléments d'un ensemble appelé « ensemble de *départ* ». À chacun de ces « x » on associe un « y » de l'« ensemble d'*arrivée* ». De plus, le « x » qui a permis de calculer un « y » donné est appelé son *antécédent*. Ainsi, bien souvent, la confusion entre x et y peut s'entendre comme une difficulté à distinguer l'avant de l'après.

La question d'Alain me semble du même ordre. La racine carrée d'un nombre x est le nombre positif x, qui, élevé au carré (c'est-à-dire multiplié par lui-même), donne x. Par exemple, la racine de 16 est 4, car 4 est positif, et pour ce qui est de son carré, $4^2 = 4 \times 4 = 16$.

Cette formulation revient en fait à considérer la fonction g qui, à tout nombre positif x, fait correspondre son carré (x^2). Cette fonction va faire correspondre à 3 le nombre 3^2, soit 9. Elle fera de même correspondre à 4 le nombre 16. Chercher la racine d'un nombre revient ainsi à trouver son antécédent par la fonction g. La racine de 25 est 5, car pour « arriver » à 25 par la fonction g, il faudrait partir du nombre 5. Alain confond racine et carré : par exemple, il ne sait pas si la racine de 9 est 3 ou 81. Ainsi, il ne sait pas s'il faut partir du 9, ou y arriver. Comme Éliane, ou comme le formulera aussi Pauline, il confond le point de départ et le point d'arrivée, l'avant et l'après : sa difficulté touche au sens du temps. De même, Germain place l'abscisse du point A *après* l'origine du repère (à sa droite) au lieu de la placer *avant.*

Ce dernier terme est fondamental. Ici, la croissance, l'évolution du sujet, l'angoisse de grandir ne sont plus seules en jeu : le temps est mis en perspective. Les mathématiques font résonner le problème de l'*avant* : de l'*origine*, des *racines.* On entend bien dans ce vocabulaire une interrogation fondamentale du sujet : c'est la question de sa provenance qui se pose ici.

Frédérique, étudiante en sciences de l'éducation, évoque avec reconnaissance un professeur particulier qui avait pour principe de revenir à la source de chaque démonstration, de détailler chaque notion de base. Elle m'explique qu'il lui a ouvert la voie des mathématiques par cette formule sybilline : « Ce qu'il faut comprendre, ce n'est pas le début, c'est ce qu'il y a *avant* le début. »

Qu'y a-t-il avant le début ? Quelle est notre *origine* ? quelles sont nos *racines* ? quels sont nos *antécédents* ?

Mathématiques et généalogie

« [inscrit sur l'aiguière], le nom de son père était là, le nom de son grand-père et le nom de son arrière-grand-père ; et ensuite se doublait, se triplait et se quadruplait le préfixe *arrière* dans la bouche du conteur, et le jeune garçon, la tête penchée de côté, écoutait avec des yeux pensifs ou rêveusement absents et fixes, la bouche somnolente et recueillie, l'"arrière-arrière-arrière-arrière". [...] Oui, il était possible qu'il eût demandé à voir le bassin, surtout pour l'amour de ces syllabes, pour pouvoir les entendre et les répéter. »

Thomas MANN, *La Montagne magique*

« Le zéro, c'est la naissance. » Nul besoin de savantes interprétations. Il n'est même pas nécessaire de rappeler que dans un repère, le point de coordonnées zéro est appelé *origine*. Pour la plupart des élèves, c'est une évidence : le zéro marque le début – de notre ère, du temps, de la vie. Rond et parfait comme un œuf, il préside à l'éclosion, à l'ouverture au monde.

Mais avant ?

Avant le zéro, il y a les nombres négatifs. Pour Pauline, ils sont « les ancêtres des nombres positifs ». Elle les imagine plus âgés, plus sages... Un tel portrait est souvent brossé des Grecs anciens qui ont légué leur nom aux théorèmes célèbres. Thalès, Pythagore, comme les nombres négatifs pour Pauline, représentent les ancêtres tutélaires des mathématiques. Peu importe l'époque exacte à laquelle ils ont vécu – et qu'on n'aille surtout pas préciser, par un éventuel souci de vérité historique, que le théorème de Pythagore a été, en réalité, trouvé par l'un de ses disciples, ou que la plage de sable où il traçait ses figures était, en fait, encombrée de galets. Plus qu'un folklore divertissant, plus qu'un arrière-plan historique, ces figures mythiques sont à entendre comme un début de conte de fées : « Il était une fois, il y a de ça très longtemps... » Elles constituent un récit des origines.

Pour certains élèves, ce récit semble peu constitué, mal assuré. On se rappelle Joël qui, en classe de cinquième, se méfie de son professeur. Chaque difficulté rencontrée dans un énoncé lui fait soupçonner un piège : peut-être l'énoncé pose-t-il une question impossible à résoudre ? peut-être même que le cours est faux, que le professeur inculque des notions erronées à ses élèves ? On comprend bien qu'ici, la réflexion mathématique n'est plus possible : il y a trop d'angoisse. Joël n'a plus l'impression de répondre à la question d'un simple enseignant. Il se trouve en prise directe avec un tyran, et soumis à l'arbitraire de ses injonctions imprévisibles.

Cette angoisse est construite sur le fantasme suivant lequel le professeur serait un homme ne reconnaissant lui-même aucune loi, aucune autorité : un homme n'existant que dans le moment présent, dans l'instantanéité de ses désirs. Joël se rassure lorsque je lui rappelle que son enseignant n'invente pas le contenu de son cours : on le lui a transmis, et il le transmet à son tour. Ce faisant, je propose à Joël de resituer son professeur dans une tradition, de lui rendre les ancêtres dont il semblait privé. Les mathématiques ne sont pas une affaire entre eux deux : cette mise en perspective permet d'établir dans la relation entre élève et professeur une distance salutaire. Elle donne à chacun une place plus juste, plus humaine, dans une succession de générations, ce qui rend la réflexion possible.

Cette dynamique aura également permis d'éveiller l'attention de John, dont il est question au début de ce livre. John éprouve peu d'intérêt pour les mathématiques, parce qu'« elles n'ont aucun rapport avec la vie » : elles ne lui parlent pas de lui. Il évoque tout de même le théorème de Thalès, auquel il se heurte actuellement.

Le théorème de Thalès stipule que si les points ABC d'une part, et AB'C'd'autre part, sont alignés, et si la droite (BB') est parallèle à la droite (CC'), alors les distances entre les points vérifient l'égalité des rapports suivants : AB/AC = AB'/AC'

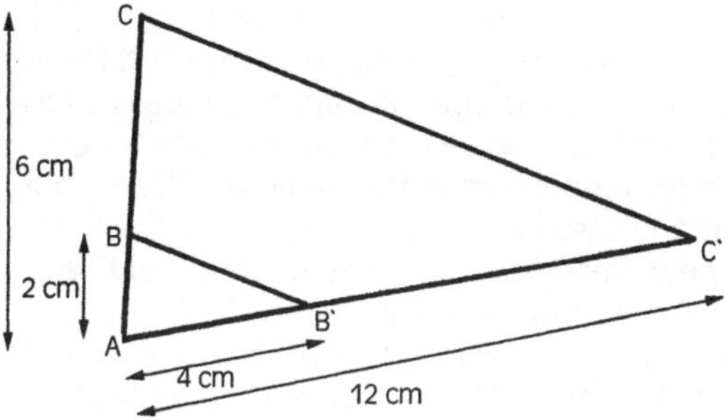

John essaie de tracer la figure qui illustre ce théorème, mais s'embrouille et renonce rapidement, découragé et las. Je prends alors le crayon, et trace le dessin suivant :

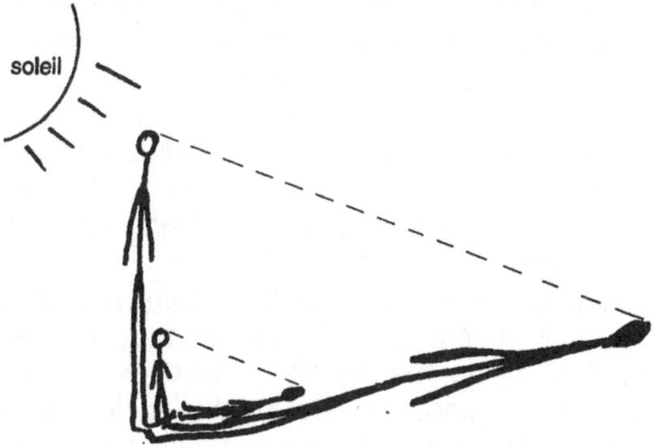

Il s'agit du même dessin que le précédent, mais un peu romancé. En crayonnant, je raconte : « C'est un père et un fils. Le soleil est là, et là c'est leurs ombres. » (Je m'arrange pour que les rayons du soleil tombent parallèlement.) « Le fils mesure le tiers de la taille du père. » Et je demande à John comment seront les ombres. Il s'est éveillé, et s'intéresse à mon histoire. Il me répond sans difficulté que l'ombre du fils mesure le tiers de l'ombre du père. Autrement dit, le rapport entre la taille du fils et la taille du père est égal au rapport entre les longueurs de leurs ombres. Le lien est ensuite aisé à reconstituer entre cette réponse et le théorème de Thalès, qui ne dit pas autre chose.

On peut imaginer que John se sera identifié au petit garçon de mon histoire. Dans ce récit, il n'est plus seul : son père, placé derrière lui, constitue une aune lui permettant de déterminer sa propre taille. Il peut se définir par *rapport* à la génération précédente. C'est, me semble-t-il, en trouvant sa place dans la succession des générations qu'il parvient à être vivant en faisant des mathématiques, l'espace d'un instant, et à comprendre réellement le sens du théorème de Thalès.

Eu égard à ce récit, je trouve dommage que certains auteurs ou éditeurs, croyant probablement distraire leur jeune public, publient ce type d'énoncé : « Afin d'encourager son fils à étudier l'arithmétique, un père accepte de donner huit sous à son garçon pour chaque problème bien résolu, mais il lui prend cinq sous dans le cas contraire. Après vingt-six problèmes, chacun a donné autant qu'il a reçu. Combien de problèmes l'enfant a-t-il bien réussi ? »

Que, par ce genre de contrat, un père aide effectivement son fils à réussir en mathématiques, cela reste à prouver. Mais ce qui me déplaît le plus dans ce récit est le constat final : l'enfant n'a rien perdu, et rien gagné. Le père, après avoir fait miroiter à « son garçon » une récompense en cas de succès, récupère toute sa mise. Non seulement l'enfant n'a rien gagné en termes de « sous », mais en plus il a accumulé les échecs – car il n'est pas besoin d'une longue réflexion pour s'apercevoir que le fils a raté plus de problèmes qu'il n'en a résolus (puisqu'en cas d'échec, il perd moins qu'il ne gagne en cas de réussite). Les deux protagonistes se retrouvent à égalité. Le père n'a rien transmis à son fils : ni « sous », ni connaissances. Le fils reste *nul* : nul en mathématiques, mais aussi, pourrait-on dire, nul au sens où il lui manque ce qui, suivant Pauline, précède le zéro : les nombres négatifs ancêtres. Il ne dispose pas de l'appui de la génération précédente.

Les origines du sujet

« Qu'y a-t-il avant le début ? » Avant le zéro ? La question n'est pas encore close.

« Les nombres négatifs, me dit Sébastien, en classe de seconde, c'est les années avant la naissance. » Selon Juliette, ils sont « les altitudes *sous la surface de la mer* ». Ici se profile à travers les mathématiques une nouvelle forme d'antériorité. Pour Sébastien ou Juliette, il me semble que les nombres négatifs ne désignent pas les personnes qui les ont précédés – leurs ancêtres – mais un passé qui leur est propre : ce qu'ils étaient avant de venir au monde.

On peut imaginer qu'il est ici question de la vie intra-utérine : le temps vécu *sous la surface* (du ventre) *de la mère.* Pour illustrer son propos, Juliette me montre comment elle se représente une addition de nombres relatifs : – 5 + 2. Il s'agit d'un dessin en coupe. Elle trace horizontalement la surface de la mer, dont elle descend par des crans (un pour chaque unité). Elle progresse de cinq crans vers le bas, et remonte de deux : elle se trouve alors trois unités en dessous de la surface, ce dont elle déduit avec raison que – 5 + 2 = – 3.

Le trait descend en une succession de petits arcs de cercle reliés entre eux, ou peut-être des torsions – à l'image d'un cordon ombilical ?

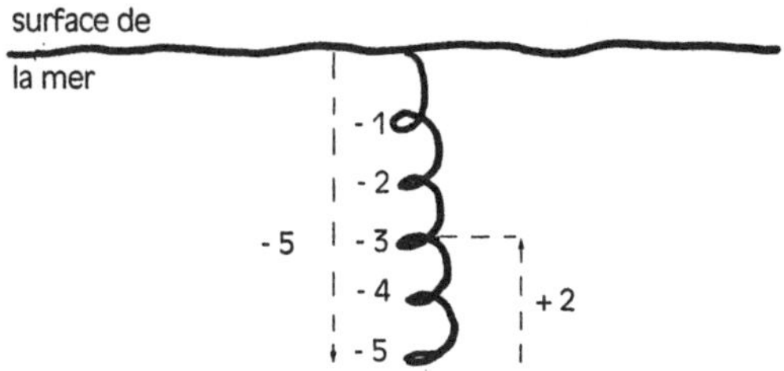

La réflexion précédemment menée – sur le lien entre mathématiques et problématique de la séparation – avait suggéré l'hypothèse suivant laquelle cette discipline ramène celui qui la pratique à des temps anciens de son histoire. Ici, de nouveau, les mathématiques paraissent produire cet effet, à ceci près que l'époque évoquée est plus archaïque encore : il ne s'agit plus ici de l'enfant de quelques mois, celui qui ne parle pas, mais de l'enfant encore à naître.

À ce stade, il me semble qu'une nouvelle question apparaît. On pourrait remonter encore un peu dans le temps, quant à l'interrogation sur ce qu'il y a « avant le début ». Ne s'agit-il pas d'une interrogation sur la conception ? N'est-ce pas cela aussi qui se passe « sous la surface de la mer » ?

Comment fait-on les bébés ? Qu'en est-il de la différence des sexes ? Ces questions, archétypes de nombreuses énigmes et présidant d'après Freud au devenir de l'intellect d'un sujet, résonnent également lors de la pratique des mathématiques.

3

Mathématiques et investigations sexuelles

Quand passent les cigognes...

« Pour résoudre une équation, on met les "x" d'un côté du "égal" et les nombres seuls de l'autre côté. Chaque fois qu'on passe quelque chose au-dessus du égal, on change son signe. »

Ainsi parle Véronique, étudiante en sciences de l'éducation, qui se destine à devenir professeur des écoles. Elle ignore à quoi correspondent ces manœuvres, et ne veut surtout pas l'apprendre. Sa méthode « marche », et cela lui suffit. Elle cherche « la » valeur de « x » et la trouve. Ce que cette valeur représente pour l'équation, peu lui importe. Quant à imaginer qu'une telle valeur pourrait ne pas être unique, ou pire, ne pas exister... elle n'y songe pas.

De même, nombre d'élèves, lorsqu'ils demandent une aide en mathématiques, aspirent seulement à apprendre « comment on fait ». Lorsque Cécile me parle de son vécu de collégienne et de son angoisse des mathématiques, l'un de ses rares souvenirs agréables concerne ces exercices pour lesquels il suffisait d'« appliquer une formule ».

Au premier abord, cela surprend : y a-t-il vraiment un plaisir à « appliquer une formule » sans comprendre ce qu'on fait ? N'est-il pas, au contraire, très ennuyeux de ne trouver dans un exercice que du déjà-vu, auquel s'adapterait un mode d'emploi bien défini, comme s'il s'agissait d'un simple appareil domestique ? On imagine mal ce que cette perspective peut avoir de stimulant.

Il est possible que cette activité, si elle apparaît peu créative, soit pourtant constructive par certains aspects : l'élève, appliquant la « formule », sait à l'avance ce qu'il doit faire. Mais il lui faut encore mener son travail à bien, s'appliquer comme il le ferait pour un ouvrage. L'opération évoque le coloriage, qui plaît souvent aux jeunes enfants : il s'agit, dans un dessin aux lignes pré-dessinées, de ne pas déborder, de rester dans les limites.

Cependant, le plaisir d'« appliquer une formule » tient sans doute aussi à un soulagement : l'exercice est résolu d'emblée ; la recherche, l'incertitude, l'inconnu, le risque de ne pas trouver, sont évités. Il n'y a plus d'énigme.

Peut-être aussi le recours à cette formule présente-t-il l'attrait enfantin d'un tour de magie, d'une poudre de perlimpinpin qui dénouerait comme par miracle des situations inextricables ?

En ce qui concerne Véronique, elle tente avec énergie de me dissuader d'entreprendre des explications dont elle ne veut pas. En dernière ressource, elle m'assène un argument qui ne laisse pas de me surprendre : si elle essaie de comprendre, « ça risque de ne plus marcher ». Elle craint de ne plus être en mesure de « résoudre » l'équation – de trouver la valeur numérique qu'on attend d'elle.

La remarque de Véronique n'est pas dépourvue de bon sens. Tenter de comprendre, c'est effectivement passer à un nouveau mode de pensée, un nouveau raisonnement, ce qui risque d'invalider provisoirement le précédent – le temps de retrouver un équilibre. (C'est d'ailleurs la raison pour laquelle un élève qui progresse commence parfois par voir « baisser » ses notes, avant qu'elles ne « remontent »).

Mais Véronique ne conçoit pas cette perte comme un avatar passager : comprendre, ou même tenter de comprendre entraînerait un naufrage irrémédiable de ses facultés. Il ne lui serait désormais plus possible de résoudre des équations. Dans une nouvelle de Marc Twain, le narrateur regrette un léger dysfonctionnement de sa montre. Il l'apporte chez un horloger, qui ne fait qu'aggraver la situation. Les réparations succèdent aux réparations : sans succès. Finalement, la montre ne fonctionnera plus jamais – chacun sait que le mieux est l'ennemi du bien. Cependant, la remarque de Véronique évoque une histoire plus célèbre : parce qu'ils goûtèrent au fruit de l'arbre de la connaissance, Adam et Ève furent chassés du jardin d'Éden. De même Véronique, en s'initiant aux mystères des équations, risquerait de perdre à tout jamais le séjour paisible qu'elle s'est constitué au sein des mathématiques, en adoptant des formules qui « marchent ».

Ainsi, l'accès à la connaissance serait compromettant, dangereux. On pense encore à Prométhée qui, pour l'avoir portée aux hommes, fut cruellement châtié.

Comment entendre cette peur du savoir ? Y aurait-il un secret honteux dont la découverte compromettrait à jamais une existence paradisiaque ?

Dans son essai sur Léonard de Vinci, Freud recherche les sources de l'activité intellectuelle d'un sujet. Elles remontent selon lui aux premiers questionnements de l'enfance : « Chez les enfants [à partir de trois ans environ], l'avidité de savoir [...] est éveillée par l'impression due à un important événement vécu, par la naissance d'un petit frère ou d'une petite sœur, soit advenue, soit redoutée à la suite d'expériences extérieures, et dans laquelle l'enfant entrevoit une menace pour ses intérêts égoïstes. L'investigation se porte sur la question de savoir d'où viennent les enfants, exactement comme si l'enfant cherchait des moyens et des voies pour prévenir un événement à ce point indésirable. »

Cette recherche se traduit par les « investigations sexuelles infantiles ». Elle « [se termine] par une poussée d'énergique refoulement sexuel[1] ». Ainsi, l'appétence d'un sujet pour les connaissances resterait marquée par ce temps initial d'investigations portant sur la sexualité et par le refoulement qui y met fin, frappant ce premier désir de connaissances du sceau de l'interdit. Lorsque Adam et Ève goûtèrent au fruit de l'arbre de la connaissance, « ils connurent qu'ils étaient nus », et honteux, « ils cousirent des feuilles de figuier et se firent des pagnes ».

Cette formulation d'un interdit portant sur la connaissance se retrouve souvent dans le discours des élèves. Ainsi Nicolas, en classe de cinquième, m'explique qu'il s'est interrogé très tôt sur ce que pouvaient être les nombres négatifs, dont il avait entendu parler alors qu'il était encore à l'école primaire. À l'issue de ses investigations personnelles, il s'est construit tout un raisonnement fondé sur les graduations du thermomètre. Je le félicite d'avoir eu cette *curiosité* (qui contraste avec ses habituels « blocages » en mathématiques), mais il se rembrunit en entendant ce terme : « Parfois, je suis trop curieux. Mon père trouve que je pose trop de questions. » On remarquera que les investigations de Nicolas portent sur un savoir mathématique qui lui est encore « interdit » au moment où il les entreprend – à cet âge, seuls les nombres positifs ont droit de cité, et on admet que retrancher un grand nombre d'un petit est « impossible ».

1. Sigmund Freud, *Un souvenir d'enfance de Léonard de Vinci*, Gallimard, coll. « Folio bilingue », Paris, 1991.

Certains enseignants semblent partager cette position inconsciente. Pauline, en classe de seconde, me rapporte une remarque de son professeur : « Il faut être bête pour faire des mathématiques. Surtout, ne vous posez pas de questions. Contentez-vous d'apprendre. » Ce type de déclaration peut s'entendre comme la lassitude d'un enseignant échouant à procurer des explications qui satisfassent ses élèves. Mais peut-être exprime-t-elle aussi une réprobation du désir de comprendre, comme si ce désir portait sur des contenus indécents. On pourrait éventuellement imaginer qu'une telle réponse a découragé les premières investigations sexuelles de ce professeur. On songe aussi aux enseignants qui refusent aux élèves d'utiliser leurs mains pour le calcul, et dont le veto n'est pas sans évoquer un interdit de la masturbation tel qu'il peut être formulé à de jeunes enfants.

Ainsi, nombre d'élèves, en accord avec la proposition du professeur de Pauline, « se contentent d'apprendre ». Autrement dit, ils restent *en surface,* ne cherchent pas à pénétrer en profondeur les méandres des mathématiques – à comprendre d'où viennent les « formules », comment les théorèmes se démontrent, etc.

Peut-être trouve-t-on ici l'origine de la confusion fréquente entre les notions de périmètre, d'aire et de volume ? Souvent, en effet, un élève recherchant l'aire d'une figure se trompe et calcule son périmètre,

ou bien mesure sa surface à la place de son volume.

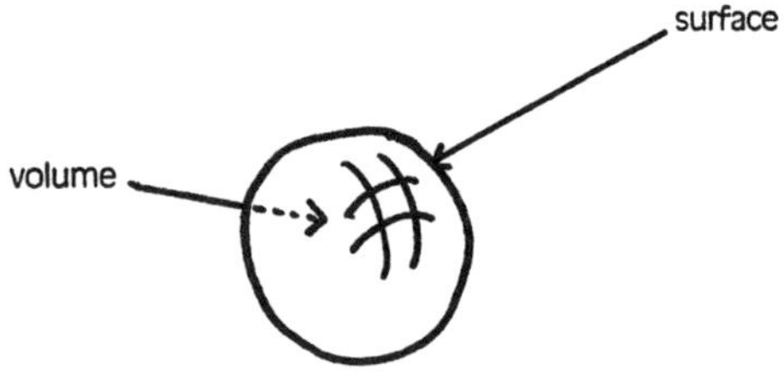

Ce faisant, il limite son attention aux contours de l'objet étudié, comme s'il manifestait une réticence à aller vers le contenu, vers l'intérieur.

De même les oublis de Juliette – qui fait disparaître la plupart des signes « moins » de ses cahiers – lui permettent peut-être d'éviter autant que possible l'univers des nombres négatifs, qu'elle situe dans les zones mystérieuses situées *« en dessous de la surface de la mer »* ?

« Se contenter d'apprendre », ce serait rester en surface de l'intelligence : renoncer à trouver la solution de l'énigme, et accepter sans rechigner l'histoire des bébés apportés par la cigogne.

Mathématiques et différence des sexes

Ainsi que je l'évoquais précédemment, Freud, dans *Un souvenir d'enfance de Léonard de Vinci*, émet l'hypothèse que les questions soulevées lors des premières investigations sexuelles de l'enfant seraient à l'origine de son activité intellectuelle. Cette proposition me semble particulièrement juste dans le cas de la réflexion mathématique.

L'ÉNIGME

En premier lieu, un exercice ou un problème de mathématiques se présente sous forme d'énigme. Il ne s'agit pas de réciter un cours, ou de mener à sa guise une réflexion sur un thème donné. Il existe une réponse juste à découvrir : celle-ci, et aucune autre. C'est bien sous cette forme que se présente *la* question qui présidera aux investigations sexuelles infantiles : « D'où viennent les bébés ? ».

D'une façon générale, il me semble que l'énigme par excellence est celle des origines de la vie – ce qui fonde l'homme, ce qui fait l'humain. Le mythe du Golem, l'histoire de Pygmalion et Galatée, celle de Frankenstein en proposent autant de variations…

Peut-être trouve-t-on dans cette énigme archétypique la clé de cet instant de jubilation intense qui accompagne la découverte de *la* réponse juste à un exercice de mathématiques. À cet instant, aucun doute ne subsiste : on sait que c'est *ça*. Chacun a pu en faire parfois l'expérience, quel que soit le niveau auquel il a pratiqué les mathématiques. Ce surgissement de lumière, cette ouverture provoque parfois un cri de victoire – que Martin Gardner, évoqué précédemment, appelle le « haha mathématique ».

L'intensité de cet instant semble hors de proportion si l'on considère qu'il s'agit simplement d'apporter une réponse à un problème de mathématiques. Elle suggère que l'enjeu dépasse de beaucoup la compréhension d'un exercice ou d'un théorème, et se rapporte à des questions plus personnelles, et plus fondamentales. Peut-être la recherche de cette réponse fait-elle résonner le questionnement ancien, impérieux qui taraudait l'élève au cours de ses premières années ? Peut-être le surgissement de la solution à son problème de mathématiques l'éblouit-il, comme l'aurait ébloui, quelques années auparavant, la réponse à ses questions sur la provenance des bébés ?

LE SEXE DES NOMBRES

Le contenu même des mathématiques peut faire résonner ces questions, en laissant transparaître parfois le thème de la différence des sexes.

Ainsi, Pauline, en classe de seconde, m'explique que depuis toujours elle attribue à chaque chiffre une identité sexuée : « Le 1 est un garçon, le 2 une fille, le 3 un garçon, le 4 et le 5 des filles, etc. ». Elle ne sait pas comment s'est fait son choix, mais il est ferme et définitif.

Pauline m'avait confié au début de notre travail que sa mère était « une littéraire », peu douée en mathématiques, alors que son père était « un scientifique ». La perspective de faire des progrès en mathématiques l'inquiétait un peu : ne risquait-elle pas, dans ce cas, de renoncer à son choix d'orientation (un métier « littéraire ») pour emboîter le pas à son père, et pratiquer le même métier que lui ? Il est possible que cette distinction entre « littéraire » et « scientifique » ait constitué pour Pauline comme un étayage, une consolidation de la différence des sexes. Peut-être son inquiétude se ramenait-elle à la question de savoir si elle resterait bien une femme au cas où elle deviendrait « une scientifique » – c'est-à-dire si elle commençait à se dépêtrer de ses difficultés en mathématiques.

La question de la différence des sexes, très présente pour Pauline, trouvait ainsi à s'exprimer à deux titres au moins dans le cours de sa pratique des mathématiques.

Cette thématique apparaissait également dans une autre distinction opérée parmi les nombres : positifs d'une part, négatifs d'autre part.

Ces derniers se trouvent au premier plan des difficultés que Pauline rencontre en mathématiques. Comme beaucoup d'élèves, elle oublie d'écrire leur signe, place du « côté positif » du repère les points de coordonnées négatives... Je suis amenée à lui demander ce qu'est un nombre négatif : « C'est un nombre avec un signe devant : il a rien de particulier. Si ! Il a un signe devant ! » À ces mots, Pauline a un rire gêné : la question du signe « moins » semble susciter chez elle un certain malaise.

Pour de nombreux élèves, le signe « moins » semble revêtir une importance particulière, qui rend apparemment son abord difficile. Que représente-t-il pour eux ? Leur discours contribue à éclairer ce point. (Il n'est naturellement pas question de généraliser l'hypothèse qui se dégage ici : seuls les élèves évoqués sont concernés.)

Germain, en classe de seconde, est confronté à un « blocage » massif portant sur la notion de « valeur absolue ». Mes explications ne portent aucun fruit : il a compris, intellectuellement, ce qu'est une valeur absolue, mais le moindre exercice sur ce thème le plonge dans la confusion. Finalement, la situation connaît un dénouement le jour où il trouve ce que cette notion représente pour lui : la valeur absolue « dévore le "moins" du nombre ».

À Rosine, qui, en classe de cinquième, rencontre également des difficultés sans fin avec les nombres négatifs, je demande d'imaginer un dialogue entre un nombre positif et un nombre négatif. Cette idée la surprend, mais ne semble pas lui déplaire. Elle décide que le nombre négatif est un garçon, et le nombre positif une fille. « Attention ! dit le nombre positif au nombre négatif, ne perds pas ton moins ! »

À travers ces récits se dessine un « profil » du nombre négatif : associé à un garçon, il porte son signe moins comme un appendice précieux, et ne redoute rien tant que de le perdre. Le nombre positif, quant à lui, se distingue par l'absence de signe (il n'est pas nécessaire de le faire précéder d'un « signe plus » pour marquer sa qualité de positif).

Cet imaginaire sur les signes mathématiques évoque ce que Freud décrit des théories sexuelles infantiles, du moins chez le petit garçon. Celui-ci « [suppose] chez tous les autres êtres vivants, humains et animaux, l'existence d'un organe génital semblable à celui qu'il possède lui-même ». Il reconnaît ensuite l'absence d'un tel organe chez la femme, ce dont il déduit que cet organe « a bien été là et par la suite il a été enlevé[1] » – danger que le garçon redoute pour lui-même.

Ainsi, la différence entre hommes et femmes s'origine dans la possession ou non du « signe » viril – comme la différence entre nombres positifs et négatifs tient à la possession d'un « signe moins ».

En outre, dans la théorie freudienne, la possession d'un organe génital masculin expose fantasmatiquement son propriétaire au danger de le perdre (« Attention, dit Rosine, ne perds pas ton moins ! »). Cette crainte semble véritablement mise en scène par les mathématiques, dont les conventions d'écriture forgent à elles seules un tel scénario fantasmatique. En effet, il est frappant de remarquer que le « signe moins » n'est pas seulement le caractère qui distingue le nombre négatif. Il est également le signe de la soustraction – l'opération du retrait.

OÙ L'ON REPARLE DE LA NULLITÉ

Si, dans les cas cités précédemment, le positif relève du féminin et le négatif du masculin, qu'en est-il du zéro ?

1. Sigmund Freud, *Un souvenir d'enfance de Léonard de Vinci*, *op. cit.*

Cette question revêt une importance particulière lorsqu'on considère avec quel empressement tant d'élèves – ou d'anciens élèves – annoncent : « Je suis *nul* en mathématiques ». Cette affirmation est rarement prononcée sur le ton du regret. Elle prend le plus souvent les accents d'une revendication : c'est presque un titre de gloire. Carina, en classe de première, m'a demandé de l'aider en mathématiques : ses mauvais résultats la désolent. Petit à petit, les mathématiques deviennent moins obscures pour elle. Pourtant, elle m'annonce un jour, sur un ton presque triomphant : « De toute façon ça ne sert à rien : je suis *nulle*. » Sa remarque va à l'encontre de l'évidence : elle a fait de réels progrès, et elle le sait. Comment entendre cette dénégation ? Pourquoi éprouve-t-elle le besoin de réduire notre travail à néant, sur un ton qui ne manque pas d'agressivité ?

Il me semble que, par sa réaction, Carina souligne la différence entre deux notions habituellement confondues : faire des progrès d'une part, et cesser d'être nul d'autre part. La nuance me paraît fondamentale. Carina peut éventuellement faire des progrès... mais cesser d'être « nulle », il n'en est pas question.

En quoi cette perspective est-elle si insupportable ? On imaginerait pourtant volontiers qu'il n'est pas de pire perspective que d'être « nul ». Un élève n'aurait-il pas tout à gagner en quittant cette position ? Se dire « nul » revient à se refuser toute valeur. Ce serait même renoncer à l'état d'humain, se contenter d'être un chiffre – celui qui sanctionne une mauvaise copie. Qu'y a-t-il d'enviable à cela ?

Au cours de mes études, il m'est arrivé d'échouer complètement à une épreuve de français : il s'agissait de résumer un texte sur la littérature qui me semblait totalement incompréhensible. J'ai obtenu la note deux sur vingt, ce qui m'a valu une réaction de dédain de l'un de mes camarades : « Autant avoir zéro ! ». Zéro, c'était la note de Jean-Christophe, dont le résumé commençait ainsi : « La littérature comporte deux versants. Sur le premier, le poète fait de la luge… » Atterré lui aussi par la complexité du texte, il ne s'était pas laissé démonter, et avait pris le parti d'en rire. L'œuvre de Jean-Christophe a circulé dans toute la classe : il était le héros du jour. Comme les autres, j'ai beaucoup ri et lui ai donné raison. Je n'avais que mépris pour mon propre travail qui n'était que mauvais, alors que Jean-Christophe, pour sa gloire, avait décidé que le sien serait, au sens propre, nul.

Jean-Christophe avait fait preuve d'intelligence en refusant l'épreuve absurde que le professeur de français nous proposait – et son année a d'ailleurs été couronnée de succès. Cependant, il est clair qu'il a, par son choix, évité tout risque. En refusant de s'affronter au texte proposé, il a rejeté la règle du jeu : il s'est situé hors la loi. Quant à moi, j'avais bravement, laborieusement, essayé de faire de mon mieux.

On entend bien que le « zéro » n'est pas si simple qu'il y paraît. Il est difficile à situer : quelle est sa nature ? Selon Alain, il n'est « ni positif, ni négatif ». Pour Pauline, il est à la fois positif et négatif. Vaut-il beaucoup ou peu ? Pauline remarque : « Ça a pas vraiment de valeur. Deux plus zéro égalent deux. Dans l'addition, il n'empiète pas sur l'autre nombre. Mais dans la multiplication, il fait perdre toute sa valeur à l'autre : deux fois zéro égale zéro. Ou il se fait bouffer, ou il bouffe. »

Réduit à *rien*, le zéro, de ce fait même, est *tout*. N'étant d'aucun signe (ou d'aucun sexe, dans l'imagerie de certains élèves), il a potentiellement les deux. Privé de valeur, il est aussi le plus « fort », anéantissant tout nombre par lequel on le multiplie – on l'appelle d'ailleurs l'« élément absorbant » de la multiplication. Absolu, privé de limites, il est tout-puissant. En cela, il nous amène une fois de plus à évoquer la période de la petite enfance : « Concernant la vie psychique des enfants [...] nous trouvons, chez ces derniers, des traits que l'on pourrait attribuer, s'ils étaient isolés, au délire des grandeurs : surestimation de la puissance de leurs désirs et de leurs actes psychiques, "toute-puissance de la pensée", croyance à la force magique des mots, et une technique envers le monde extérieur, la "magie"[1]. » Renoncer à être « nul », ce pourrait être abandonner une illusion de toute-puissance infantile pour se confronter aux difficultés posées par les mathématiques – avec le risque d'échouer, ou du moins la certitude que la réussite sera moins absolue, moins infaillible que la nullité antérieure.

Le renoncement à la nullité est peut-être rendu plus difficile encore par une réminiscence concernant l'issue des premières recherches menées dans cette période de l'enfance : « [L'enfant] soupçonne déjà l'existence de l'acte sexuel [...]. Mais comme sa propre constitution sexuelle n'est pas encore en mesure d'assumer la tâche de procréer, son investigation pour savoir d'où viennent les enfants doit forcément se perdre dans le sable et, faute de pouvoir être achevée, doit être abandonnée. L'impression produite par cet insuccès, lors de la première tentative d'autonomie intellectuelle, semble être persistante et profondément déprimante[2]. » Ainsi, d'après Freud, les premières recherches ne peuvent aboutir de façon satisfaisante. Elles se soldent par un échec, qui pourra exercer une « action paralysante » sur un travail entrepris ultérieurement.

Cette ancienne impression d'échec permet peut-être de comprendre pourquoi Delphine, en classe de cinquième,

1. Sigmund Freud, « Pour introduire le narcissisme », in *La Vie sexuelle*, PUF, coll. « Bibliothèque de psychanalyse », Paris, 1992.
2. Sigmund Freud, *Un souvenir d'enfance de Léonard de Vinci*, *op. cit.*

ou Alain, en quatrième, sont systématiquement réticents à répondre aux questions posées par leurs professeurs respectifs – quitte à s'en mordre les doigts l'instant d'après, parce que leur solution était la bonne, et qu'elle a été donnée par un autre élève. Non qu'ils craignent un reproche ou une réprimande de l'enseignant ; mais à les écouter, ils « savent » par avance que leur réponse sera fausse. Ils ne peuvent imaginer qu'il en soit autrement. Il s'agit pour eux de dépasser cette conviction suivant laquelle, quoi qu'il advienne, il leur sera toujours impossible de trouver la solution d'un problème mathématique. De ce point de vue également, renoncer à être nul impliquerait le dépassement d'un vécu de l'enfance. Il s'agirait de se séparer de cette première impression d'échec, pour envisager que les démarches de recherche actuelles pourraient, elles, connaître une issue favorable.

PRENDRE LE RISQUE DES MATHÉMATIQUES

S'affronter à une question mathématique – tenter de comprendre un théorème ou de trouver le fin mot d'un exercice – peut ainsi s'envisager comme un acte de maturité. Cela demande souvent un mouvement douloureux de renoncement, le deuil d'une situation connue : deuil de la « nullité », de l'échec parfait et sans danger, de la constance, de l'indifférenciation (ni positif, ni négatif ; ni féminin, ni masculin).

Tenter de comprendre et de progresser, prendre le risque de se tromper revient à s'engager, à quitter cette position infantile, à rencontrer ses propres limites... et ainsi sortir de l'indifférenciation. C'est à ce prix que l'élève pourra se confronter à lui-même, être sujet de son travail, réfléchir en son nom, et s'ouvrir à sa propre créativité.

4

Ceci n'est pas une psychothérapie

Les trois chapitres qui précèdent proposent un éclairage sur ce qui se joue en profondeur lors de la pratique des mathématiques. Que font-elles résonner chez celui qui s'y confronte ? Quelles questions personnelles, complexes, enfouies, anciennes réveillent-elles, à l'insu même du sujet ?

Ces développements, inspirés de la réflexion psychanalytique, pourraient prêter à confusion. De quoi parle-t-on ? S'agit-il de faire des multiplications, ou d'élaborer des difficultés de séparation ? de comprendre le théorème de Thalès, ou de trouver sa place parmi les générations ? d'apprivoiser les nombres négatifs, ou d'éclaircir sa position quant à la différence des sexes ? Le mode de travail proposé dans ces pages concerne-t-il vraiment les « blocages » en mathématiques ? Fait-on réellement des mathématiques ? ou ces « blocages » servent-ils de prétexte pour mettre en place une psychothérapie déguisée en entreprise pédagogique ? Parce que cette dernière pratique ne me semble en aucun cas justifiable, je souhaite établir clairement en quoi l'approche des mathématiques développée dans cet ouvrage se distingue d'un travail de psychothérapie.

Ce sont bien des mathématiques...

Un jour, lorsque j'étais en classe de première, M. Potry, notre professeur de mathématiques, nous fit vivre l'un de ces instants solennels dont il avait le secret. Il s'éloignait un moment de son exposé mathématique, se décalait un peu de son rôle de professeur pour prendre une posture à mi-chemin entre le père et le sage antique, et nous transmettait des vérités importantes à ses yeux.

Ce jour-là, posant sa craie, il nous fit une prédiction :

« Vous êtes dans une classe scientifique. Pourtant, plus tard, très peu d'entre vous feront des *mathématiques pures.* Peut-être un ou deux. Pas plus. »

Cette affirmation me semble riche de sens, et il est probable que, par des chemins très détournés, elle ait déterminé en partie le métier que j'exerce à présent.

M. Potry nous disait ceci : bien que nous fassions partie des favorisés du sort ayant accès aux disciplines scientifiques, il nous fallait rester modestes ; nous n'avions pas pour autant atteint le Saint des Saints. La plupart d'entre nous seraient amenés à trahir, à se compromettre : ils feraient des mathématiques, certes, mais des mathématiques *appliquées* (à des disciplines plus terre à terre, plus « concrètes » : physique, sciences sociales...). Ce seraient des mathématiques galvaudées. En réalité, ce ne seraient plus des mathématiques. Elles n'en auraient que l'apparence.

Par contraste, M. Potry faisait miroiter à nos yeux une terre promise qui fascina sûrement plus d'un d'entre nous : celles des mathématiques sans compromission, fidèles à elles-mêmes – une sorte de saint Graal du monde moderne. En ce qui me concerne, je ressentis un désir très vif de suivre cette voie – au point que j'eus l'impression de trahir lorsque j'entrepris un peu plus tard une « prépa HEC ».

Les paroles de M. Potry ne me semblent pas seulement témoigner des rêves et des fantasmes d'un professeur de mathématiques ou de ses élèves. J'ai l'impression qu'elles sont révélatrices d'un imaginaire collectif concernant les mathématiques. La quintessence des mathématiques tiendrait dans leur « pureté » : elles constitueraient un champ à part, nettement différencié des autres disciplines. À ce titre, elles seraient régies par des compétences intellectuelles spécifiques, distinctes de celles que requièrent les autres activités humaines – qu'il s'agisse de la parole, de l'écriture, de l'art, de la cuisine, de l'organisation des relations à l'autre, du sport, etc. Les compétences mathématiques seraient si bien délimitées qu'on pourrait les isoler, les mesurer.

C'est de cette représentation de l'« intelligence mathématique » que relèvent, à mon avis, les tests « psychologiques » mesurant le « QI de performance ». Ils accréditent à mon sens l'idée selon laquelle les mathématiques relèveraient d'une zone cérébrale particulière, qui pourrait fonctionner de façon autonome, sans interférence d'aucune sorte. Comme si toute émergence d'une émotion, d'un souvenir, d'une rêverie constituait un vulgaire divertissement, acceptable peut-être dans d'autres activités humaines, mais indésirable dans le cadre des mathématiques...

Comment concevoir une activité humaine qui ne mette pas tout l'être à contribution ? Quel humain peut se vanter de pouvoir n'exister que partiellement, de solliciter une seule partie de ce qu'il est en laissant le reste de côté pour se livrer à une quelconque occupation ? Faire des « mathématiques pures » reviendrait à envisager un tel sujet humain – un être fait de petits morceaux indépendants. Cette conception schizophrénique apparaît dans toute son aberration : on atteint ici à la monstruosité. Cela met en évidence, une fois de plus, le caractère problématique de la notion de pureté.

C'est pourquoi le travail évoqué dans ce livre n'est pas une affaire de « mathématiques pures ». Pour autant, il ne s'agit pas d'autre chose que de mathématiques.

...mais des mathématiques vivantes

« L'homme n'émet aucune affirmation de caractère général tant soit peu suivie sans se trahir tout entier, sans y mettre involontairement tout son Moi, sans y représenter, en quelque sorte par une parabole, le thème fondamental et le problème essentiel de sa vie. »
Thomas MANN, *La Montagne magique*

Vouloir faire des « mathématiques pures », ce serait, par exemple, tenter d'aider un élève en réitérant sans trêve des explications déjà maintes fois répétées. Des explications, si bien conçues, si claires, si mathématiquement correctes soient-elles, ne suffisent pas toujours à éclairer un élève sur le sens d'une notion. Cette idée, abondamment illustrée ici, m'a paru lumineusement exposée lors d'une soirée de nouvel an. J'y ai rencontré un jeune professeur de mathématiques – qu'il soit ici remercié – qui, entre deux coupes de champagne, m'a raconté l'expérience qui lui avait ouvert cet horizon.

Dans le cadre d'un cours particulier, il tentait d'exposer à une élève (appelons-la Élise) la notion d'intersection.

L'intersection de deux ensembles est formée par les éléments communs à ces deux ensembles :

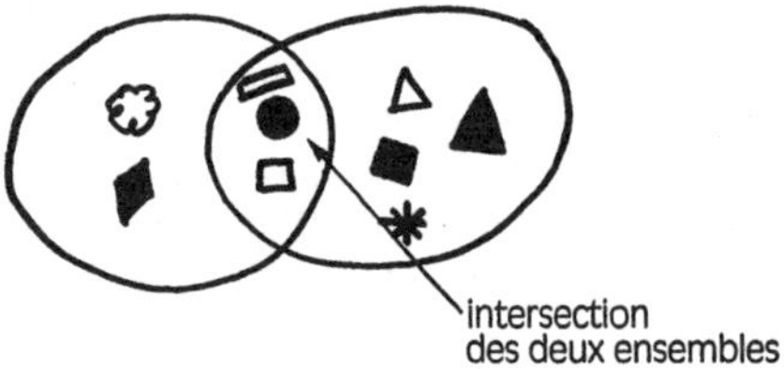

Le professeur avait beau expliquer, dessiner, retourner la notion dans tous les sens, rien n'y faisait : Élise ne comprenait toujours pas. Après quelques tentatives infructueuses, il lui vint une idée. Sans bien savoir ce qu'il faisait là, il proposa à Élise d'« imaginer un autre ensemble, plus grand, qui contiendrait tous les autres ».

Cette intuition était juste : Élise comprit. Elle put alors aborder sans difficulté la notion d'intersection qui, un instant auparavant, lui restait hermétiquement fermée.

Il est pourtant clair, remarqua le professeur ce soir-là, que cette histoire de grand ensemble n'était en aucun cas partie prenante des explications, du moins d'un point de vue « purement » rationnel. Au contraire, on aurait pu imaginer que cet ajout allait alourdir et compliquer inutilement un exposé déjà ardu.

Cependant, l'enseignant avait « senti » qu'il apportait là un élément permettant de dénouer la situation. Ce faisant, il avait renoncé à s'adresser à l'« intellect » de son élève pour la considérer plus « globalement ». Il avait essayé de la rencontrer, de s'ouvrir à ce qu'elle vivait. Il avait reconnu et pris en compte l'implication de tout son être dans le processus de compréhension. Il avait senti que, pour Élise, les ensembles sécants étaient plus que des ensembles sécants : ils représentaient autre chose. Le professeur et l'élève n'avaient pas cessé un seul instant de parler de mathématiques : il n'avait jamais été question que de relations entre des ensembles. Pourtant, le professeur, plutôt que de s'enferrer dans des explications inutiles, avait eu la finesse de décaler un peu le point de vue proposé, de changer la perspective en se mettant en harmonie avec ce qu'il ressentait de son élève. Une communication s'était ainsi établie en profondeur, et le « blocage » s'était dénoué.

Cet épisode me semble significatif du mode de travail proposé dans cet ouvrage. Il consiste à faire des mathématiques, et rien de plus. Cependant, le propos est de rendre sa place à l'humain qui fait des mathématiques, de lui permettre d'exister à part entière dans cette activité. Il s'agit pour lui d'y être présent, avec son corps, sa parole, ses émotions, ses peurs, ses fantasmes, ses questionnements…

Il n'est alors pas question de « mathématiques pures », au sens où seules quelques parcelles de l'élève, quelques poignées de sa matière grise seraient conviées au travail. Mais peut-être justement, en invitant l'humain au complet, se rapproche-t-on de l'essence même des mathématiques : ne sont-elles pas, en définitive, une invention humaine à destination des humains ?

Des effets bénéfiques

Le mode de travail décrit dans cet ouvrage pourrait finalement se résumer en termes simples : il s'agit d'une tentative pour faire des mathématiques de façon humaine, vivante.

On imagine aisément que cette approche, qui souvent facilite aux élèves l'abord des mathématiques, comporte en outre des effets bénéfiques d'un autre ordre.

DE LA « LACUNE » À L'EXPÉRIENCE HUMAINE

Habituellement, il est convenu de considérer que les difficultés d'un élève en mathématiques tiennent à ce qu'« il a des lacunes ». Cette conception en creux, fondée sur l'idée d'un manque de connaissances, rejaillit sur l'image de l'individu. Il serait lui-même altéré, handicapé. D'un défaut de compétences, on glisse vers un défaut de la personne, et plus précisément vers l'idée d'une carence dans son intelligence.

L'abord change radicalement si l'on considère l'activité mathématique du point de vue du sujet qui la vit. Il ne s'agit plus seulement de trouver *la* bonne réponse à un exercice, mais d'être attentif à la façon dont on aborde celui-ci, aux chemins qu'on emprunte, à ce qu'on y ressent – quelles appréhensions, quel ennui, ou peut-être quel plaisir... Quels souvenirs personnels, quelles histoires cela évoque-t-il ? Comment interviennent dans ce travail les relations avec les autres élèves ? avec l'enseignant ? La question n'est plus d'être « bon » ou « mauvais » mais de se demander qui l'on est lorsqu'on fait des mathématiques ; de se porter, dans cette circonstance, à la rencontre de soi.

Cette approche amène progressivement l'élève à respecter son propre travail, et à accueillir ses idées et ses réflexions avec une certaine bienveillance. Cette simple évolution est souvent très longue à survenir, et il est frappant de constater avec quelle dureté, quelle agressivité, quel mépris souvent, les élèves parlent habituellement d'eux-mêmes, et combien peu d'estime ils accordent aux pensées qui leur viennent.

Il s'agit d'abord pour l'élève d'apprendre à se respecter... au moins lorsqu'il fait des mathématiques. Et peut-être ce qui est vrai en mathématiques vaut-il ailleurs ? Il ne me paraît pas impossible qu'un élève qui retrouve une estime pour lui-même dans un domaine où il se méprisait particulièrement en vienne à se considérer globalement d'un œil nouveau.

Ainsi, on s'attelle au travail : on tente d'éclaircir un exercice, un passage du cours, on se penche sur les difficultés rencontrées lors d'une interrogation... L'intérêt du travail tient dans la démarche de réflexion. Celle-ci est accueillie avec attention, qu'elle conduise au bon ou au mauvais résultat. Sa valeur réside dans l'implication de l'élève, dans sa détermination à se questionner et à se confronter à ses propres difficultés.

Lorsqu'un élève cesse d'avoir honte de ses difficultés, il lui devient possible de s'interroger à leur sujet. Sa nouvelle attitude ouvre ainsi la porte à une réflexion différente : il ne s'agit plus de *comprendre* (tout de suite, à tout prix) *les mathématiques,* mais d'accepter de différer ce moment pour lui permettre d'advenir ultérieurement dans de bonnes conditions. Auparavant, on cherchera à *comprendre pourquoi il ne comprend pas.* Qu'est-ce qui entrave sa réflexion ? Pourquoi une telle peur de se tromper ? Quelles sont, au fond, les quelques mêmes erreurs qui reviennent sans cesse sous des aspects différents ? Dans quelles circonstances surviennent-elles – ou disparaissent-elles ?

Ainsi, l'élève en difficulté n'est plus *le mauvais élève,* l'élève carencé, mais celui qui trouve, dans ses erreurs mêmes, dans ses « blocages », un terrain d'investigation et de réflexion.

Cette recherche constitue une entreprise passionnante, mais aussi ardue : de ce point de vue, la hiérarchie bons élèves/mauvais élèves s'effondre d'elle-même. Ce sont, en effet, les difficultés de chacun qui l'amènent à entreprendre ce travail, autrement difficile et complexe que la résolution d'un exercice de mathématiques. Trouver l'origine des erreurs, comprendre en quoi, malgré une apparente diversité, nombre d'entre elles relèvent de la même essence – ou même parvenir à décrire précisément ce qui fait obstacle dans la réflexion pour permettre à celui qui l'aide de lui apporter des éclaircissements cohérents : tout cela demande à l'élève une créativité et une ingéniosité peu communes.

C'est ainsi que le travail sur ses « blocages » en mathématiques conduit finalement l'élève à s'écarter d'une logique de rendement et de compétition scolaire, pour ouvrir sa pensée, lui permettre de s'épanouir, et découvrir la multiplicité de ses ressources.

Le « blocage » sera généralement dépassé, et le théorème de Thalès ne posera plus de problème : tant mieux. Mais ce qui me semble plus important encore est que l'élève aura découvert au passage qu'il était à même de dépasser un blocage, de venir à bout d'une situation qui lui semblait sans issue : il se souviendra de cela, même si le théorème de Thalès, lui, s'enfonce avec le temps dans les brumes de l'oubli.

QUELQUES EFFETS THÉRAPEUTIQUES AU PASSAGE

S'ouvrir à ce qu'on ressent, se laisser exister de plein droit au cours de l'activité mathématique : cela n'est en rien une entreprise anodine. Comme on l'a vu à travers de multiples exemples, cette discipline, au langage et aux démarches chargés de symboles, fait résonner chacun en profondeur. Elle réveille des problématiques enfouies, souvent archaïques, liées à un vécu de la toute petite enfance.

Il me semble ainsi que, bien souvent, un « blocage » en mathématiques constitue la formulation, à mots couverts, dans le langage métaphorique des mathématiques, d'un questionnement personnel non résolu.

Dès lors, on est fondé à s'interroger sur ce qui se passe à cet égard lorsque, dans le cours du travail, le blocage se dénoue. Qu'en est-il de la problématique sous-jacente ? Peut-on considérer que cette approche constitue un mode de thérapie ?

Quelques illustrations me semblent ici pertinentes pour réfléchir à cette question.

On se rappelle les difficultés que rencontrait Judith avec les parenthèses. Elle ne parvenait pas à leur donner un sens.

Un lien s'était tissé entre l'espace clos que les parenthèses devraient procurer aux nombres et la chambre de Judith, dont elle ne parvenait pas à garantir les limites contre les intrusions de son frère aîné. Cette question était apparue au passage, comme un point de comparaison au service des mathématiques. Mais nous n'avions pas abordé plus avant les méandres des relations entre Judith et son frère.

Par la suite, le « blocage » mathématique s'était dénoué : les parenthèses avaient pris sens pour Judith, et j'avais appris au passage que son frère, à présent, frappait avant d'entrer dans la chambre. Les deux difficultés, apparemment, étaient liées. Elles constituaient comme deux manifestations d'une même problématique – problématique sans doute complexe dont cet épisode ne nous livre qu'un vague aperçu, mais qui se rapportait, ainsi que nous l'avons vu, à la question de l'interdit de l'inceste.

L'avancée de Judith en mathématiques ne relevait pas d'un « bourrage de crâne », d'un tour de force par lequel elle se serait contrainte à respecter ces parenthèses qu'elle ne pouvait, au fond d'elle-même, accepter. Ce progrès a été le fruit d'une évolution en profondeur. Pour qu'elle prenne en compte les parenthèses, il lui a fallu se décider à interdire l'entrée de sa chambre à son frère – c'est-à-dire lui refuser l'accès à son intimité. Pour être en mesure de « protéger » les nombres, Judith en est venue à se protéger elle-même, en prenant acte de l'interdit de l'inceste dans sa relation à son frère.

Ainsi, le champ des mathématiques fournissait, à travers le « blocage » sur les parenthèses, un indice visible, manifeste, du dysfonctionnement qu'entraîne un respect insuffisant de l'interdit de l'inceste. Il mettait en évidence la confusion, le brouillage de la pensée qui survient lorsque cet interdit est mal posé. Et ainsi, un travail *sur les seules mathématiques* aura permis à Judith d'évoluer sur ce point.

Quant à Raphaelle, elle revient me trouver – avec de nouvelles questions – trois ans après la fin d'un premier temps de travail (elle était alors en classe de cinquième). Elle me rappelle d'emblée le point essentiel de notre première collaboration : « séparer, mettre de la distance ».

Cette formulation lui avait permis de venir à bout de ses difficultés en calcul. En effet, Raphaelle se trompait alors systématiquement dans les règles des priorités de calculs (qui imposent d'effectuer les multiplications avant les additions). Par exemple, lorsqu'il s'agissait de savoir combien font $3 + 4 \times 5$, elle hésitait entre 23 (la réponse juste) et 35 (qu'elle trouvait en calculant d'abord $3 + 4$ et en multipliant ce résultat par 5). Comme Raphaelle connaissait et comprenait parfaitement les règles de calcul à appliquer, je lui avais simplement proposé d'écrire ses lignes de calculs en mettant bien en évidence les petits groupes (les termes de la somme), et en les *séparant* nettement les uns des autres – au lieu de tout agglomérer, comme elle avait coutume de le faire. Ainsi, elle pouvait éclaircir d'emblée le calcul précédent en écrivant : $3 \quad + \quad 4 \times 5$.

Raphaelle avait scrupuleusement suivi mon conseil, avec succès. À cette époque, elle ne parvenait pas à travailler seule : lorsqu'elle faisait des mathématiques, elle exigeait que sa mère (pourtant non « matheuse ») se trouve à ses côtés. Cette présence, progressivement, était devenue moins indispensable. Raphaelle, en même temps qu'elle avait décollé ses chiffres les uns des autres, était parvenue à se décoller un peu de sa mère.

Pour Élise, évoquée précédemment, les ensembles sécants ne constituaient pas une difficulté « intellectuelle », mais, probablement, faisaient résonner des évocations, une problématique, une angoisse qui lui barraient l'accès au sens des explications mathématiques. C'est à cela que répondait le « grand ensemble » inventé par son professeur particulier. Il proposait une image – peut-être un contenant, une limite rassurante, un utérus – adaptée au « blocage » de la jeune fille. Dans le langage des mathématiques, il permettait vraisemblablement de faire évoluer une interrogation profonde.

Ainsi, il n'est pas improbable que nombre de « blocages », lorsqu'ils font l'objet d'une approche vivante et humaine, ne se dénouent pas sans, au passage, faire avancer un questionnement, une difficulté profonde, et permettre au sujet d'évoluer, de se structurer, de faire un pas vers sa construction. Cette évolution ne sera pas nécessairement compréhensible, analysable. Cependant, elle sera parfois perceptible à travers différentes manifestations accompagnant les progrès en mathématiques : un élève commencera à mieux dormir, l'autre se plaira davantage en compagnie de ses camarades de classe, ou se disputera moins avec ses frères...

Bien sûr, certains de ces effets découlent logiquement des progrès accomplis en mathématiques. En effet, si comprendre suscite parfois de l'angoisse, c'est aussi, souvent, une grande joie. Et malgré les inconvénients que cela comporte, accéder progressivement au sens, avancer, trouver du plaisir à raisonner sont des expériences précieuses, qui font jaillir des envies inédites et une énergie nouvelle. Parfois, l'angoisse d'échouer s'estompe, ou bien les relations avec l'entourage s'en trouvent améliorées…

Cependant – Judith, Élise, et tant d'autres en témoignent –, nombre de changements accompagnant les progrès en mathématiques relèvent d'une évolution en profondeur : une évolution psychologique. *Celle-ci n'est pas recherchée pour elle-même* : on est là pour faire des mathématiques, pas pour se soigner.

Mais je ne dirais pas non plus que les effets thérapeutiques viennent en sus : à mon avis, la pensée ne peut aller mieux que si l'individu dans son ensemble se porte mieux.

UN CONTE DE FÉES

Non pas une thérapie, mais une pratique aux effets thérapeutiques : afin d'éclaircir ce distinguo, il me semble pertinent de comparer la pratique des « mathématiques vivantes » à l'effet que produisent sur les enfants les récits de contes de fées.

Ce parallèle est suggéré par la démarche d'Édith, évoquée précédemment. Elle parvient en effet à élucider une difficulté sur les médiatrices en reconstruisant, à partir d'un théorème, l'histoire de Blanche-Neige et des sept nains. La séparation du plan en deux demi-plans se *raconte* alors pour elle comme la séparation entre la princesse et sa méchante belle-mère. Probablement est-il question ici de la relation entre Édith et sa mère, mais rien n'est précisé à ce sujet. La métaphore des mathématiques est simplement formulée en une nouvelle métaphore, plus lisible, plus construite : celle du conte de fées. Celui-ci va offrir un dénouement à la difficulté travaillée.

On pourrait considérer que, d'une façon générale, les mathématiques approchées d'une « façon humaine » sont dès lors à même de fonctionner à la façon des contes de fées. Ce qu'écrit Bruno Bettelheim à leur propos pourrait tout aussi bien s'appliquer aux mathématiques : « Les contes de fées [posent] des problèmes existentiels en termes brefs et précis. » Ils offrent aux enfants, « sous une forme symbolique, des suggestions sur la manière de traiter ces problèmes et de s'acheminer en sécurité vers la maturité[1] ».

Bettelheim ajoute que « le sens le plus profond du conte est différent pour chaque individu » et qu'il est absolument personnel : « S'il arrive aux parents de deviner correctement les raisons pour lesquelles l'enfant a été ému par un conte de fées, ils feront bien de garder pour eux leur découverte. » Il me semble que, de la même façon, la pratique des « mathématiques vivantes » demande souvent tact, discrétion et modestie. L'élève a demandé une aide en mathématiques, il n'a pas été question de mener une psychothérapie. C'est pourquoi il est rarement judicieux d'interpréter les sources profondes d'un « blocage », et toute la difficulté de cette pratique tient dans une écoute respectueuse, ouverte, mais clairement *limitée* au champ des mathématiques.

Les limites

« À quoi bon des limites ? »

Cette question, qui revient régulièrement sur les lèvres des élèves désespérés par l'étude des limites de fonctions, m'est parfois adressée au sujet du travail que je propose en mathématiques. « Pourquoi s'en tenir aux mathématiques ? Pourquoi ne pas poursuivre sur la voie de la thérapie ? Après tout, il s'agit d'un travail psychologique… »

1. *Cf.* Bruno Bettelheim, *Psychanalyse des contes de fées*, Robert Laffont, coll. « Réponses », 1977, p. 19.

Comme si ce travail était de peu d'intérêt, du moins comparé à un « vrai » travail de psychothérapie. Comme s'il n'avait pas une cohérence, une valeur pour ce qu'il est, mais constituait seulement un « en deçà », une restriction à un travail plus noble.

C'est là, il me semble, que tient la difficulté à faire reconnaître le bien-fondé du travail psychopédagogique[1].

« Après tout, il s'agit d'un travail psychologique... » Cette remarque est juste. Je ne m'autoriserais pas à proposer aux élèves une écoute de leurs questions (mathématiques) si je n'avais pas, auparavant, pris le temps de poser mes questions personnelles, en menant mon propre travail dans la voie de la psychanalyse. Cela me permet notamment de ne pas confondre mes propres questions avec celles des élèves. Alors seulement il m'a paru possible de m'ouvrir, et d'écouter à mon tour.

Cela dit, l'approche des mathématiques telle que je la propose – ce que j'appelle une approche psychopédagogique – n'est pas une psychothérapie, encore moins une cure psychanalytique. Il n'est nullement question d'y faire autre chose qu'un travail sur les mathématiques.

La psychanalyse relève d'un registre différent. Il arrive qu'une demande de cet ordre survienne au cours du travail sur les mathématiques : l'approche psychopédagogique peut en effet dévoiler certaines difficultés du sujet, ou l'amener à reconnaître en lui une souffrance qu'il éludait auparavant. Dans ce cas, c'est à un psychanalyste que l'élève, s'il le souhaite, pourra s'adresser.

Et ainsi, nous pourrons poursuivre notre travail en mathématiques.

---

1. Ce sujet est évoqué dans « Pourquoi la psychopédagogie », in *Adolescence* n° 33, printemps 1999.

Cela constitue une *limite,* ce qui est tout le contraire d'une *limitation*.

En premier lieu, « s'en tenir aux mathématiques » n'a rien d'une entreprise modeste. Ce qui est évoqué dans cet ouvrage ne constitue qu'un rapide aperçu de l'univers auquel ouvre une pratique vivante des mathématiques. Respecter ce cadre permet d'en explorer les ressources innombrables.

De plus, la limite est, en elle-même, thérapeutique. Elle constitue le fondement de l'humain. C'est en prenant acte de ses limites qu'un sujet sera en mesure de reconnaître sa propre identité, d'explorer, d'évoluer, de progresser...

Les années de collège et de lycée, durant lesquelles survient et se déroule l'adolescence, constituent une période essentielle pour la structuration de la personnalité. À ce titre, elles portent la question de la limite au premier plan, à travers de multiples formulations. Qu'est-ce qui est autorisé ? Qu'est-ce qui est interdit ? Que m'arrivera-t-il si j'outrepasse mes droits ? Suis-je un homme ? Une femme ? Qu'est-ce qui m'empêche d'être tout à la fois, ou de tout posséder ? L'infini, l'illimité, si tentants soient-ils, vouent l'adolescent à une noyade certaine. L'aider à cerner et à accepter des limites revient à lui permettre de trouver un contenant et de se structurer. Il ne s'agit pas de le frustrer, de restreindre ses horizons, mais au contraire de lui permettre de s'ouvrir et d'avancer harmonieusement vers son existence d'adulte.

L'étude des limites des fonctions représente d'ailleurs, pour certains élèves, des difficultés insurmontables.

Il s'agit en effet d'étudier les valeurs prises par le nombre f(x) (appelé l'« image » de x, et calculée à partir de la variable x) lorsque x se rapproche d'une « valeur interdite », c'est-à-dire d'une valeur pour laquelle on ne peut pas calculer f(x).

Prenons par exemple $f(x) = (2x^2 + 1)/x^2$.

On peut calculer f(5) qui est égal à $(2 \times 5^2 + 1)/5^2$, soit 51/25, ce qui fait 2,04.

Essayons à présent de calculer f(0).

$f(0) = (2 \times 0^2 + 1)/0^2 = 1/0$.

Or, il est impossible de diviser un nombre par zéro : 1/0 n'est pas défini. Ainsi, f(0) *n'existe pas.*

Mais ce n'est pas une raison pour en rester là : on peut toujours se demander ce que devient f(x) si on prend des valeurs de x qui se rapprochent de plus en plus de 0. On peut calculer par exemple f(1) puis f(0,1), f(0,01), f(0,001), etc.

On imagine bien avec quelle force cette « valeur interdite », et cette recherche de limite peuvent résonner aux oreilles des adolescents...

Pour certaines fonctions, une telle recherche permet de montrer que lorsque x s'approche d'une valeur interdite α, son image s'achemine vers une valeur fixe (par exemple 7), qu'elle n'atteindra jamais. On dira qu'« en α, la fonction a pour limite 7 ».

L'affaire se complique lorsque la limite trouvée est infinie.

C'est le cas de la fonction que je propose en exemple : si on effectue les calculs proposés, f(1), f(0,1), f(0,01), f(0,001), etc., on constate que les résultats sont de plus en plus grands : 3, 102, 10 002, 1 000 002... On dit que lorsque x tend vers zéro, la limite de f(x) est l'infini (noté $+\infty$). Cette fonction admet donc une « limite » en zéro... mais cette limite est infinie. Ici, pour une fois, il me semble que les mathématiques et « la vie » bifurquent, et je donne raison aux adolescents qui trouvent ce résultat absurde. Ainsi, Catherine, élève en terminale, proteste non sans humour : « Je veux bien faire des limites, mais il y a des limites ! »

Comme le souligne Catherine, on peut s'occuper de limites (mathématiques ou humaines) à condition, justement, de rester dans des limites, de ne pas tricher. Les mathématiques annoncent des limites, et on se retrouve à plonger dans l'infini : quelle aberration !

Mais il ne serait pas moins incohérent de proposer une aide à un adolescent (et aussi bien à un enfant ou à un adulte) en outrepassant ce dont, justement, il a le plus besoin : des limites. Ainsi, lorsqu'on s'entend avec un élève pour faire des mathématiques, il ne peut être question de déborder ou de négliger le cadre mis en place au début du travail. Le maintien de ce cadre, sans rigidité mais avec clarté, sera d'ailleurs, en lui-même, thérapeutique.

Conclusion

Contrairement à Jacquemort, le personnage imaginé par Boris Vian[1], un élève n'est pas un être « vide, à remplir ». Il ne reçoit pas passivement des connaissances que le professeur tenterait, avec plus ou moins de bonheur, de lui inculquer. L'apprentissage des mathématiques, comme chaque activité humaine, renvoie à différents registres. Elle implique le sujet dans sa profondeur et sa complexité.

C'est pourquoi un « blocage » en mathématiques ne saurait être identifié à un défaut d'acquisitions, qu'il s'agirait de combler par des séries d'exercices, ou la répétition sans fin des mêmes explications. Il est plus fructueux, lorsque l'élève en est d'accord, de travailler avec lui ce qu'il vit dans cette pratique, de rechercher ce que les mathématiques font résonner en lui.

De cette façon, résoudre un exercice, comprendre un théorème deviennent des activités vivantes, parfois même amusantes. Ce n'est plus un pensum, qui éloignerait l'élève de lui-même, de ses préoccupations, de ses émotions : il se retrouve au cœur de cette pratique,

1. *L'Arrache-cœur*, Jean-Jacques Pauvert, Le Livre de poche, Paris, 1981.

approche d'autant mieux les mathématiques qu'il reconnaît ce qui s'y joue pour lui.

Et plus tard, lorsqu'il aura, peut-être, tout oublié – théorème de Pythagore, équations du second degré, trigonométrie, barycentres, fonctions... –, il lui restera l'expérience d'avoir dépassé une situation qu'il croyait bloquée, grâce à des ressources trouvées en lui-même, et dont il ne soupçonnait pas l'existence.

Table des matières

Imprimé en France, par l'imprimerie Hérissey à Évreux (Eure) - N° 94228
HACHETTE LITTÉRATURES - 43, quai de Grenelle - 75015 - Paris
Collection n° 25 - Édition n° 01
Dépôt légal : mars 2003
ISBN : 2.01.279125.5